오성 건강 시리즈 30

손·발 그리고 즐거운 수면 건강법

오성출판사

머/리/말

오늘날 우리사회는 고령화 시대를 맞이하여 어떻게 하면 평생을 건강하고 풍요롭게 사느냐 하는데 초점이 맞춰지고 있다.

또한 21세기는 치료의학의 의존에서 예방의학과 대체의학에 관심이 쏠릴 전망이다.

이제 어떻게 하면 오래 사느냐하는 것보다, 어떻게 하면 일생동안 건강한 삶을 영위하면서 행복한 삶을 설계해 나갈 것이냐라는 문제가 크게 대두될 것이다. 이에 우리나라도 세계적인 추세에 대비하고 그에 대한 대책과 실현을 위한 준비를 서두를 때라 할 수 있다.

따라서 본서는 대체요법에서 가장 비중있게 다루어지고 있는 손과 발 그리고 수면에 대해 체계적으로 제시하고자 한다.

이에 part1에서는 손관리요법, part2에서는 발관리요법, part3에서 즐거운 수면요법에 대해 누구나 쉽게 배우고 익힐 수 있도록 구성하였다.

part1 손관리요법, 우리인체의 한 부분을 차지하는 손은 제2의 두뇌로서 전신의 축소판으로 내장상태를 파악할 수 있으며 폐경, 대장경, 심포경, 삼포경, 심경, 소장경 등 6개의 경락을 조절하며 뇌의 활성화는 물론 집중력, 사고력, 노화방지, 피로회복, 스트레스해소, 숙취예방 등에 지대한 긍정적인 역할을 수행하는 부위다.

part2 발관리요법, 50여만개의 혈관과 신경조직으로 이루어진 발은 제2의 생명으로 5장6부를 다스려 노화를 지연하고 질병을 예방·치유할 수 있으며 혈액순환을 촉진시켜 전신을 편안하게 한다. 또한 노폐물 제거는 물론 동통억제, 만성피로, 불면증, 두통, 생리통, 관절통, 면역력 증강 등 우리 인체에서 일어나는 불균형 현상을 해소하는 부위다.

part3 수면요법, 수면은 생명연장과 에너지를 보급하는 창고로 여겨 선진국에서는 숙면과 관련한 연구가 활발히 진행되고 있으며, 숙면의 필요성에 대한 이유도 의학적이고 과학적인 측면에서 속속 밝혀지고 있는 실정이다.

이들 보고에서 밝혀진 올바른 숙면의 효과는 면역성을 높이고 중추신경을 활발하게 하며 발육발달은 물론, 신경계의 독소를 제거하고 단백질을 합성시킨다는 사실이 밝혀졌다.

이와 반대로 불면은 노화를 초래하고 정신적, 육체적 스트레스, 직구 스트레스, 불안과 갈등, 포악성, 우울증, 정신분열, 고혈압, 피부병, 노인성 질환, 강박관념, 뇌출혈, 동맥경화, 심장마비, 발악, 면역장해 등 다양한 형태로 나타난다. 따라서, 올바른 손관리, 발관리, 수면관리를 통해 누구나 풍요롭고 행복한 삶이 영위될 수 있는 방법을 찾는 지침서가 되길 진심으로 바라면서 이 책을 집필하였다. 독자들은 삶의 방식과 습관에 따라 장수할 수도 있고, 단명할 수도 있다는 것을 명심하기 바란다.

끝으로 이 책이 나오기까지 물심양면으로 도움을 주신 한국스포츠산업개발원 임직원과 오성출판사 관계자분들께 진심으로 감사드린다.

2003. 4
초여름 같은 봄에
육조영

con**t**ent

content

conTent

손관리 요법

PART 01

section 01

손마사지에
대해서

1. 손(手)마사지의 원리

● 손은 인체에서 일종의 전자탐지기라 할 수 있다. 그것은 대뇌의 감각 중추에 외부로부터 자극을 느끼도록 전달기능을 해 주고 있기 때문이다. 그래서 손은 '제2의 뇌'라고 하기도 한다.

● 손바닥에는 약 1만 7천 가닥의 신경이 통하고 있으며 그 신경이 뇌에 직접 송신하며 또한 반사적으로 몸 전체를 통제, 조절하여 몸과 정신의 건강을 유지시키는 역할을 수행한다.

2. 손(手)마사지의 특징

● 손바닥을 보고 내장의 상태를 파악할 수 있다.

● 손바닥은 내장의 이상에 즉시 반응한다.

● 손바닥에 나타난 6개의 경락(폐경, 대장경, 심포경, 삼포경, 심경, 소장경)이 내장의 작용을 조절한다.

● 손바닥의 적절한 자극은 내장을 강화시켜 준다.

● 마사지점은 좌우대칭이 원칙이다.

● 손바닥을 비비거나 때리면 원기가 왕성해지고 숙면을 할 수 있으며 정력증강 등에 큰 도움이 된다.

● 손마사지는 뇌의 활성화는 물론 집중력, 사고력, 노화방지, 피로회복, 스트레스 해소, 숙취예방 등 다양한 증상에 탁월하다.

3. 왼손의 분포도

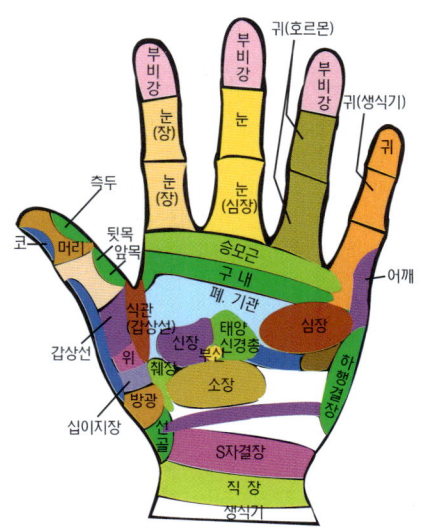

4. 오른손의 분포도

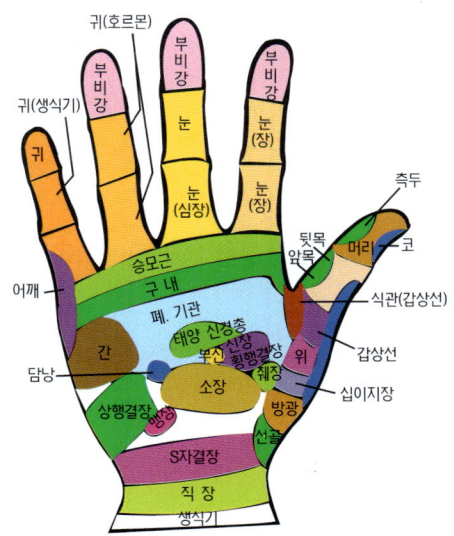

5. 손(手)마사지에 이용되는 기구

손마사지에 이용되는 기구 중 가장 섬세하고 중요한 기능을 수행하는 것은 손이며 그 외에 이쑤시개, 봉, 볼펜이나 젓가락, 구슬, 헤어 드라이기, 담뱃재 뜸, 머리핀, 고무망치 등이 이용되기도 한다.

❶

손의 피로와 혈액순환을 촉진해 주는 봉 마사지 기구

❷

손의 수장부와 손의 경혈점을 적절히 자극할 수 있는 지압봉 마사지 기구

❸

손의 피부를 매끄럽게 하고 피로를 제거해 주는 도르레 마사지 기구

❹

손바닥의 지압점을 골고루 자극해 주는 혈점 자극 마사지 기구

6. 손(手)마사지 시 유의사항

● 손마사지를 실행함에 있어서 주의해야 할 점은 항상 손의 청결을 유지하고 외상이나, 타박, 염좌, 골절 등이 있을 때는 손마사지를 삼가는 것이 좋다.

● 당뇨병과 같은 성인병 질환이 심한 경우는 의사의 처방에 따라 시술을 실시해야 한다.

● 손에 전염성 피부염 등이 있을 경우에는 환부의 치료가 선행되어야 한다.

● 손마사지 시에는 시계나 반지 등과 같은 금속물은 착용하지 않도록 한다.

● 손마사지 시에는 불안을 초래할 수 있는 환경은 피해야 한다. 특히 소음이 심한 경우, 시각적 장애를 초래하는 정도는 피하는 것이 좋다.

7. 손(手)마사지를 통해 얻을 수 있는 효과

❶ 혈액순환을 촉진시켜 체내의 생명력을 불어 넣는다.

❷ 신체의 균형과 유연성을 증가시켜 준다.

❸ 심신의 안정과 마음을 풍요롭게 한다.

❹ 내장의 기능을 조절하여 저항력을 높인다.

❺ 자율신경을 조절하여 정신을 맑게 해 준다.

❻ 불균형한 체형을 올바르게 유지시켜 준다.

❼ 미병을 치유하고 스트레스를 해소시켜 준다.

❽ 운동부족병을 해소시켜 준다.

❾ 만성병, 성인병을 예방하고 치유한다.

❿ 마음의 병과 만성피로를 해소시켜 준다.

⓫ 노화의 지연과 장수를 누리게 한다.

⓬ 손마사지는 오장(간, 심, 비, 폐, 신)과 6부(담, 소장, 위, 대장, 방광, 삼초)를 편안하게 한다.

증상별
손마사지 요법

가성근시

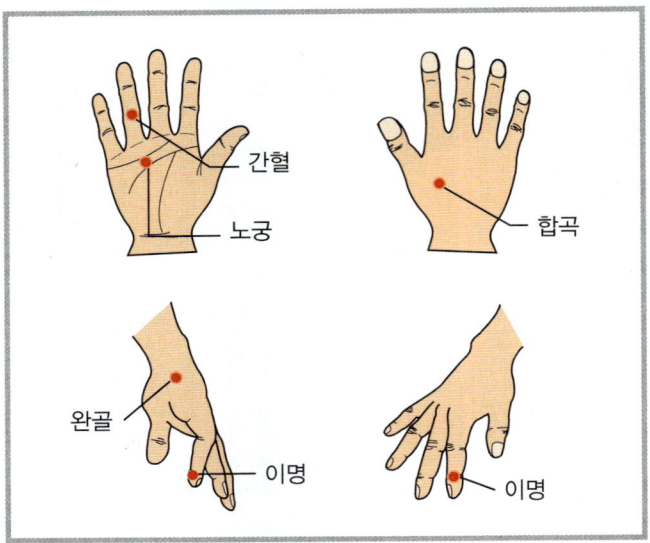

증상 · 원인

TV 및 컴퓨터의 보급으로 아동 · 청소년들 가운데에는 가성근시가 급증하고 있는 실정이다. 가성근시란 눈의 근육이나 신경에 과도한 피로를 주어 눈의 조절이 불편한 현상이며 심해지면 진성근시로 발전하게 되는데 이 때는 안구 마사지나 위장을 강화시켜 주는 것이 중요하다.

Massage 시간

4~6분

방 법

가성근시일 때에는 눈주위점이나 안점, 관자놀이점, 견근점을 마사지해 주고 손의 간혈, 노궁, 합곡, 이명, 완골점을 지속적으로 마사지해 준다.

효 과

가성근시에 효과적인 마사지점을 지속적으로 마사지해 주면 긴장을 가라앉히고 눈의 피로를 완화하여 사전에 가성근시를 예방할 수 있다.

가슴앓이

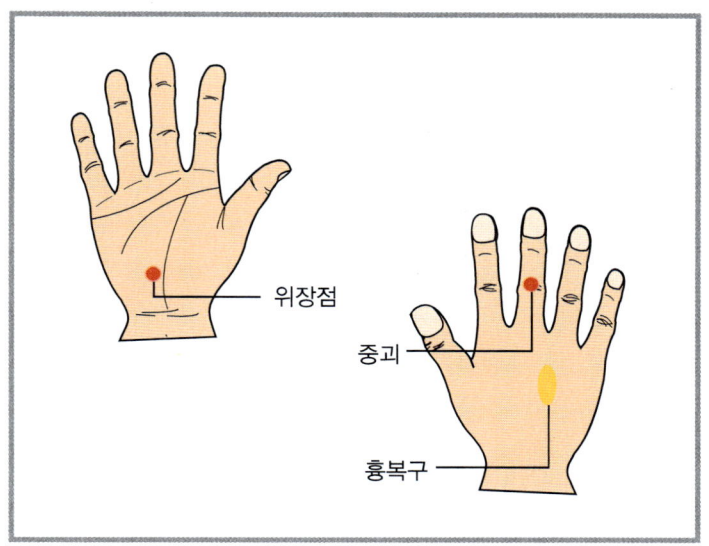

위장점

중괴

흉복구

증상 · 원인

가슴앓이는 불쾌한 증상이 명치에서부터 그 윗부분에 걸쳐서 나타나는 증상으로 그 원인은 위산의 분비 이상 특히 위산이 너무 많이 나와 일어나는 현상이다. 즉, 위액이 식도를 역류해서 식도 부근에 통증을 느끼는 것이다.

Massage 시간

5∼10분(주 4∼5회)

방 법

위장점은 봉회전압박법을, 중괴점은 모지첨압박법을, 흉복구점은 봉상 하압박법을 실시한다.

효 과

위장점을 자극하면 소화력을 높여주고 중괴와 흉복구점을 자극하면 위기능이 촉진되어 위산분비가 정상적으로 나오게 된다.

감 기

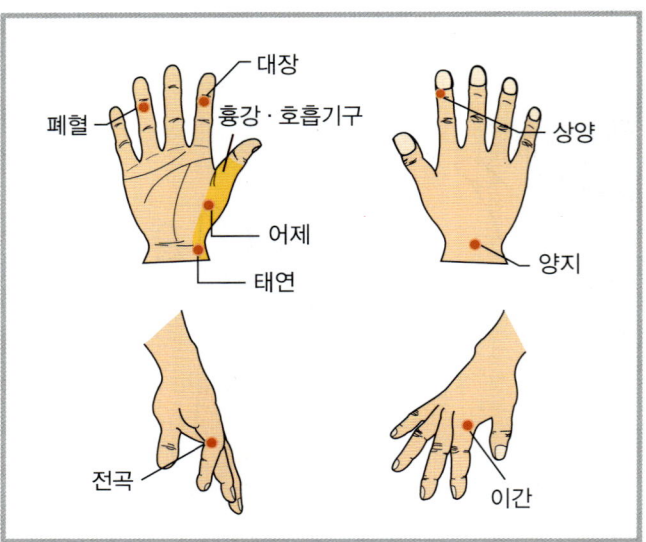

증상 · 원인

감기는 대부분 바이러스에 의한 전염병으로 기관지염이나 폐렴, 신장 장애를 일으키기도 하며 심장의 이상을 일으키는 경우도 적지 않다. 그러므로 감기를 가볍게 보고 소홀히 하다가는 생명까지 잃을 수도 있다. 따라서 감기는 예방이 최선이다.

Massage 시간

10~15분

방 법

폐혈, 대장, 어제(魚際), 태연점은 봉압박법을, 흉강, 호흡기구는 봉압 박경찰법을, 상양과 양지, 이간점은 모지압박법을 실시한다.

효 과

감기 예방 및 치료에 효과적인 마사지점은 이간, 어제(魚際), 태연점이 며 두통이나 발열, 오한 등에 효과적인 마사지점은 대장, 상양, 흉강, 호흡기구점이다.

갱년기 장애

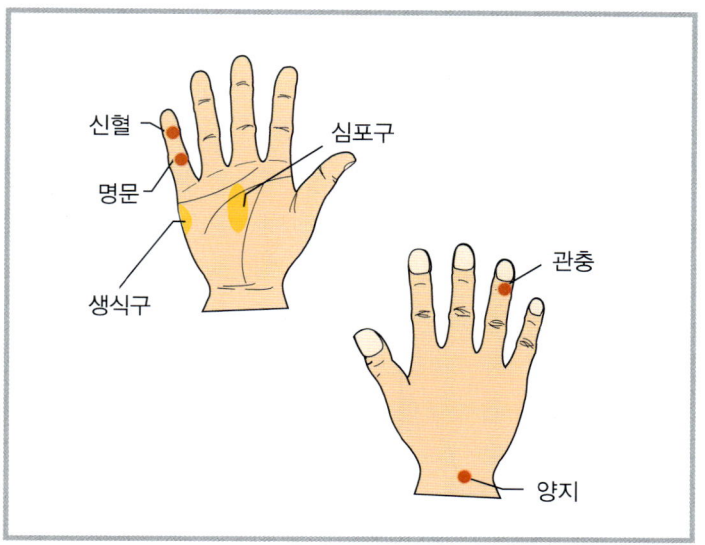

신혈
명문
생식구
심포구
관충
양지

증상 · 원인

갱년기 장애는 자율신경과 체내에서의 호르몬 밸런스가 깨지면서 오는
현상으로 개인차에 의해 나타나는 현상이 조금씩 다르다. 갱년기 장애
를 예방하고 치료하기 위해서는 호르몬의 분비를 촉진시켜 생식기의
기능을 활성화시키는 것과 마음의 안정을 찾는 것이 중요하다.

Massage 시간

2~4분(주 2회)

방 법

신혈, 명문, 생식구는 봉압박법을, 관충, 양지는 모지압박법을 실시한다.

효 과

갱년기 장애에 큰 효과가 있는 곳은 명문으로 생식기의 기능을 활성
화시키는 데 적합한 마사지점이다. 또한 생식구, 양지를 적절히 자극
하면 갱년기에 오는 질병이 사라질 것이다.

고혈압

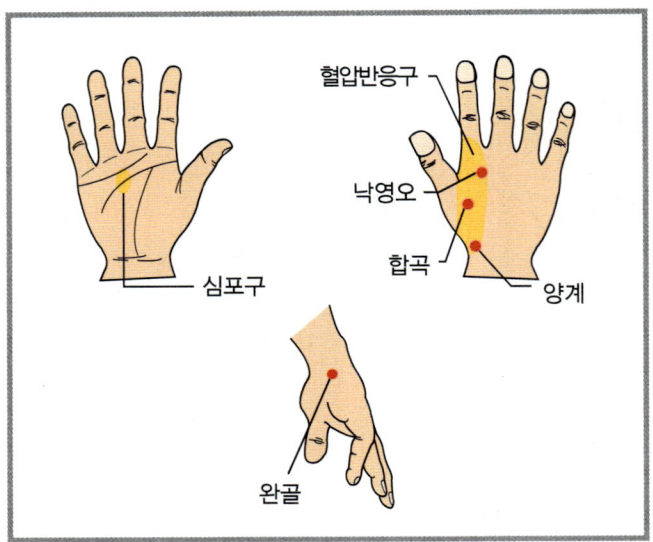

증상 · 원인

고혈압은 그 자체로서 병이라고 할 수 없지만 협심증, 심근경색, 뇌졸중 등의 순환기 계통의 병과 당뇨병, 성인병 등을 초래하므로 방심해서는 안된다.

Massage 시간

4~6분(주 4~5회)

방 법

심포구는 좌우압박법을 실시하고, 낙영오, 합곡, 양계, 완골점은 봉압박법을 실시한다.

효 과

양계, 합곡, 낙영오를 적절히 자극하면 고혈압을 치유할 수 있으며 심포구를 자극해 주면 혈액순환 기능을 높여주고 전신의 혈액순환을 촉진시켜 준다.

구 토

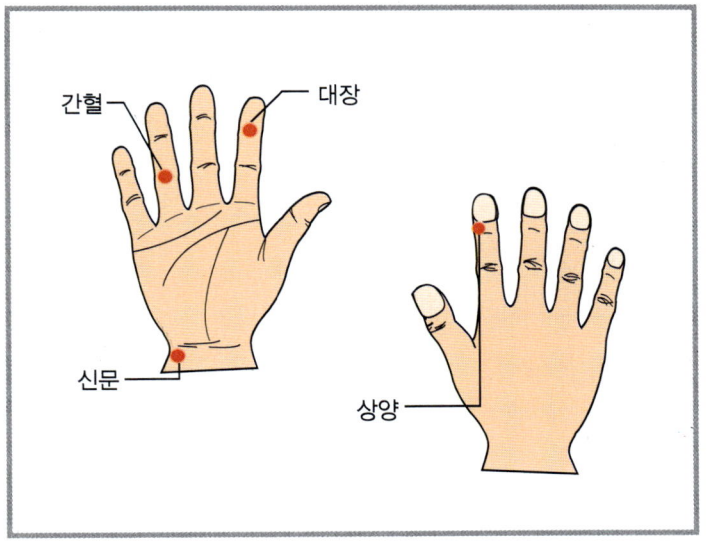

증상 · 원인

구토는 간장기능이 약해서 일어나는 현상이다. 또한 부패한 음식을 섭취하였거나 익지 않은 과일을 먹었을 때, 육체적 피로나 스트레스 시에도 구토현상이 일어날 수 있다. 이럴 때는 참지 말고 토해내는 것이 좋다.

Massage 시간

4~6분(주 4~5회)

방 법

간혈, 대장, 신문점은 봉압박법을 실시하고, 상양점은 모지첨압박법을 실시한다.

효 과

대장, 간혈, 신문점을 적절히 자극해 주면 장의 흡수력을 높일 수 있으며 상양점을 자극해 주면 설사와 구토 증세를 해소할 수 있다.

25

나른함

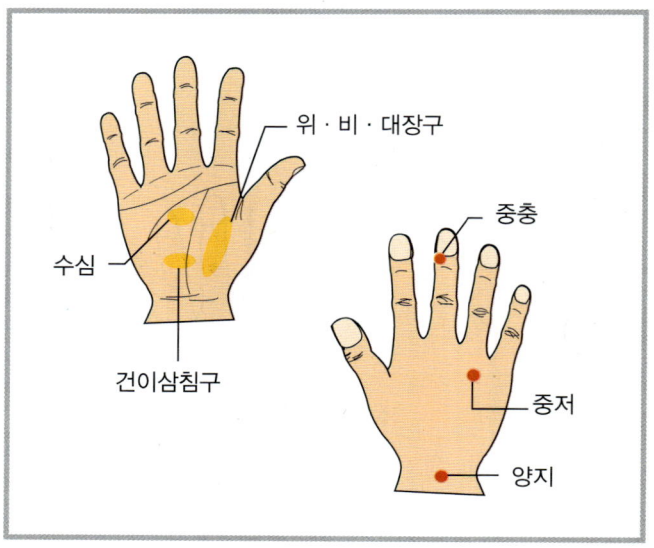

위 · 비 · 대장구

중충

수심

건이삼침구

중저

양지

증상 · 원인

나른함은 계절에 따라 민감하게 나타나는 질병으로 전신의 권태감과
호르몬의 불균형이 그 원인이다.

Massage 시간

5~10분(주 1~2회)

방 법

위 · 비 · 대장구 · 건이삼침구점은 좌우압박법을, 중충 · 중저 · 양지점
은 봉압박법을 실시한다.

효 과

임파선의 순환과 호르몬의 밸런스를 조절해 주는 마사지점은 양지점
이며 위 · 비 · 대장구 · 건이삼침구를 적절히 자극해 주면 스트레스,
의욕상실, 수분 배설을 회복할 수 있다.

냉 증

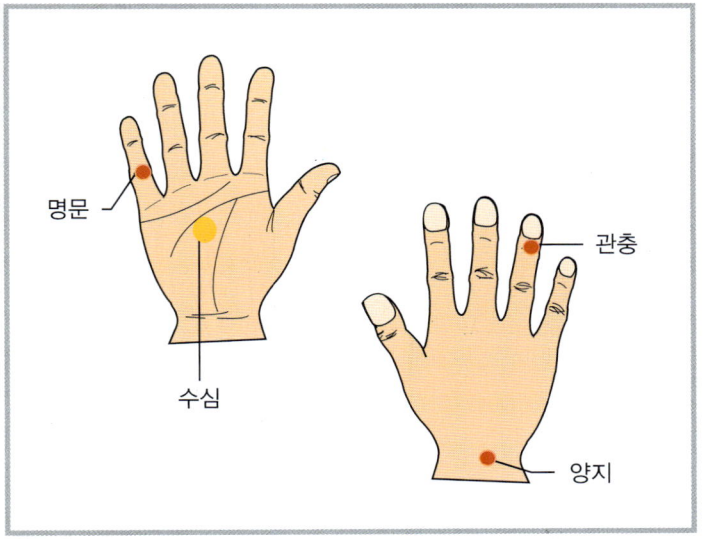

명문 / 수심 / 관충 / 양지

증상 · 원인

여성의 절반은 냉증으로 고민하고 있다고 해도 과언이 아닐 정도로 여성에게 나타나는 귀찮은 존재. 냉증은 손과 발, 허리 등에 심한 통증을 유발시키는데 주원인은 혈액순환 장애다.

Massage 시간

5~10분(주 3~4회)

방 법

명문, 수심점은 봉압박법을, 관충, 양지점은 모지압박법을 실시한다.

효 과

냉증과 직접적인 관계가 있는 마사지점은 양지다. 양지는 전신의 혈액순환과 호르몬의 분비를 지배하는 중요한 마사지점이다. 또한 관충과 수심, 명문을 자극하여 주면 호르몬의 밸런스가 조절되어 전신을 따뜻하게 할 수 있다.

27

노 안

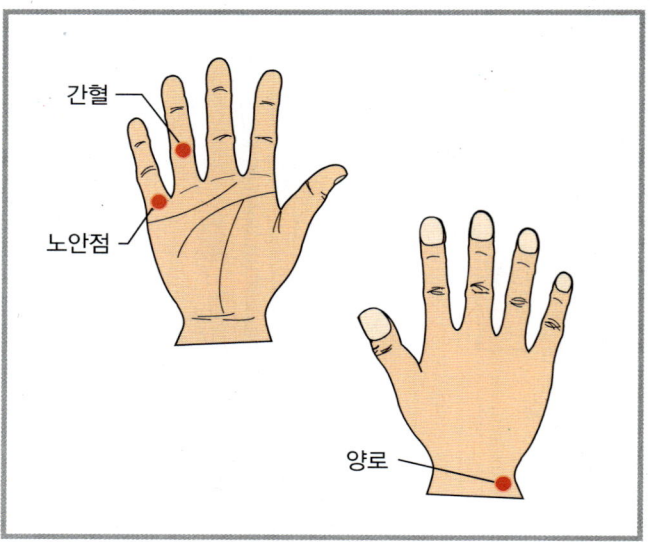

간혈

노안점

양로

증상 · 원인

연령이 높아지면 요통과 인체의 각 조직이 약해져 골격이 굽어지기도 하고 시력이 떨어지게 마련이다. 그러나 규칙적인 생활과 규칙적인 운동, 규칙적으로 영양을 섭취하면 노안을 해소할 수 있다.

Massage 시간

10~15분(주 3~4회)

방 법

간혈, 양로, 노안점을 봉압박법 및 봉회전압박법으로 실시한다.

효 과

노안의 예방과 진행을 지연시키는 데 큰 효과가 있는 마사지점은 손목쪽에 있는 양로점이다. 양로점은 노안은 물론 눈의 충혈, 눈의 피로 해소에도 큰 효과가 있다. 또한 간혈과 노안점을 자극하면 젊게 사는 노후를 맞이할 수 있다.

눈의 충혈

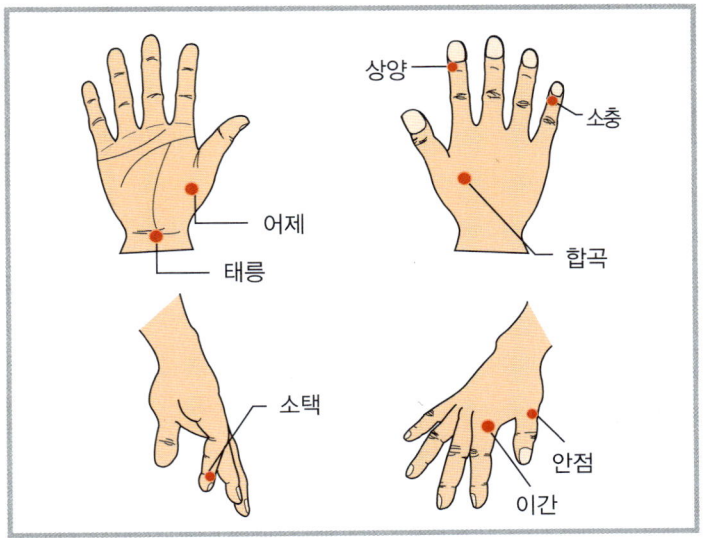

상양
소충
어제
합곡
태릉
소택
안점
이간

증상 · 원인

눈의 충혈은 눈을 혹사했다거나 눈병 등이 원인이다. 그러나 눈의 피로와 내장의 이상이 복합적으로 어우러져 일어나는 경우가 많다. 눈의 이상은 몸의 이상을 알리는 것이므로 눈이 충혈되면 각별히 주의해야 한다.

Massage 시간

5~10분(주 3~4회)

방 법

태릉, 어제, 소택, 상양, 소충, 합곡, 이간점은 봉압박법을, 안점은 모지압박법을 실시한다.

효 과

지속적인 눈의 충혈에는 합곡과 어제, 태릉, 상양, 이간, 소택, 소충을 마사지해 주고 조금만 피로해도 눈이 충혈되거나 결막염에 의한 눈의 충혈은 이간과 안점을 마사지해 준다.

29

두드러기

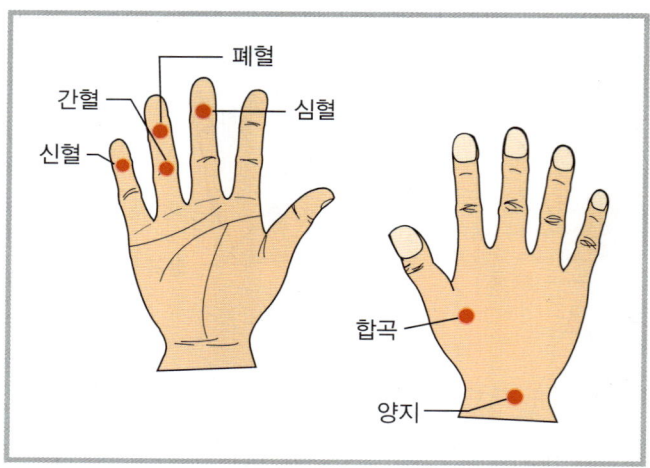

증상·원인

두드러기의 주범은 음식물이다. 섭취한 음식물은 위나 장에서 흡수되어 간장으로 보내진 다음 간장에서 좋은 것과 나쁜 것을 나누는 해독 작용을 거치게 된다. 여기서 해독된 것은 신장으로 보내져 불필요한 것은 체외로 배설시킨다. 그러나 어떠한 이유로 갑자기 간장이나 신장의 기능이 떨어져 일련의 흐름이 정지되면서 해독, 배설이 원활하지 못할 때 혈관을 통해 피부에 나타나는 것이 두드러기다.

Massage 시간

4~6분(주 2~3회)

방 법

신혈, 간혈, 폐혈, 심혈점은 봉압박법을, 합곡, 양지점은 모지압박법을 실시한다.

효 과

두드러기에 효과가 높은 마사지점은 간장과 신장의 작용을 높여주는 간혈과 신혈이다. 또한 심혈과 양지, 합곡을 마사지해 주면 정신적인 안정과 배설기능을 촉진시키고 체질을 개선할 수 있다.

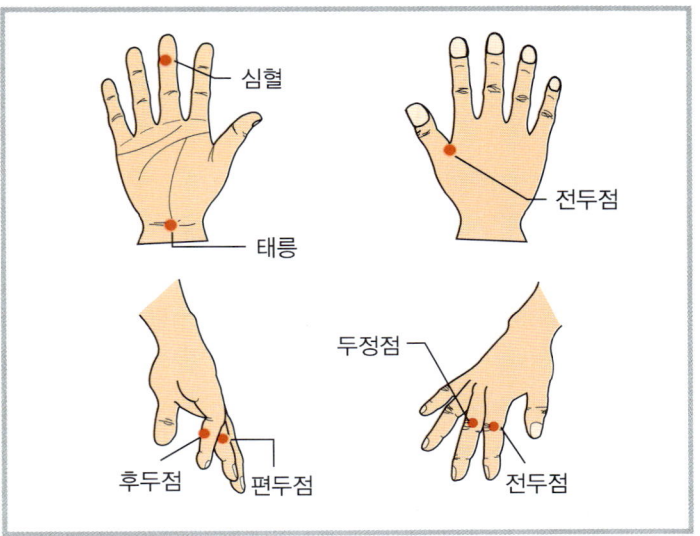

두 통

심혈

태릉

전두점

두정점

후두점 편두점

전두점

증상 · 원인

두통은 뇌의 혈관에서 정맥이 확대되어 충혈을 이루는 증세로 탄산가
스가 모여 일어나는 증세다.

Massage 시간

2~5분

방 법

두통을 해소하는 마사지 방법은 손가락 관절에 있는 심혈과 태릉, 두
정점 등이다.

효 과

두통에 필요한 마사지를 적절히 시행하면 뇌의 혈액순환을 좋게 하고
머리를 맑게 해 준다.

땀이 많이 남

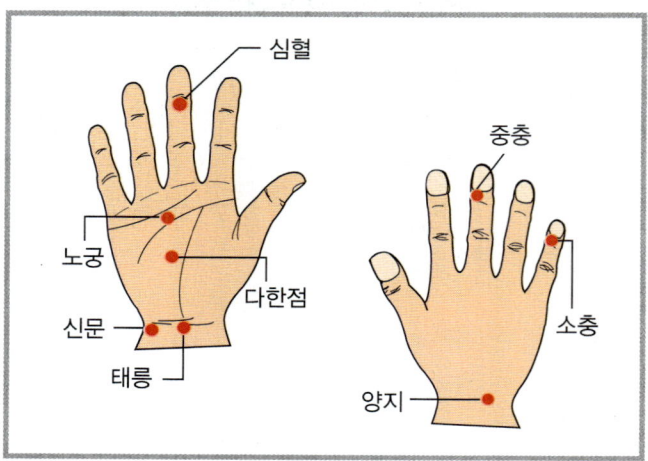

증상·원인

피부에는 약 230만 개의 땀샘이 있는데 온도가 올라가면 땀샘의 출구인 땀구멍으로 나와 체온을 내린다. 그러나 더위와 관계없이 긴장하거나 흥분하게 되면 손, 겨드랑이, 발바닥 등에 땀이 많이 나는 경우가 있다. 또한 대중 앞에 서거나 관심있는 스포츠 관람 시에도 땀이 많이 날 수 있다. 기온상승으로 땀을 많이 흘린다거나 심리적인 원인으로 땀을 많이 흘리는 증상을 다한증이라 한다. 그러나 간단한 마사지법으로 다한증을 개선할 수 있다.

Massage 시간

5~8분(주 1~2회)

방 법

심혈, 노궁, 신문, 다한점, 태릉점은 봉압박법을, 중충, 소충, 양지점은 모지첨법을 실시한다.

효 과

다한증은 다한점을 2, 3초간 누르는 것을 2~3분간 반복 실시하면 체질을 개선할 수 있으며 신경성 다한증은 심혈과 중충, 소충, 신문점을 마사지한다.

류마티스

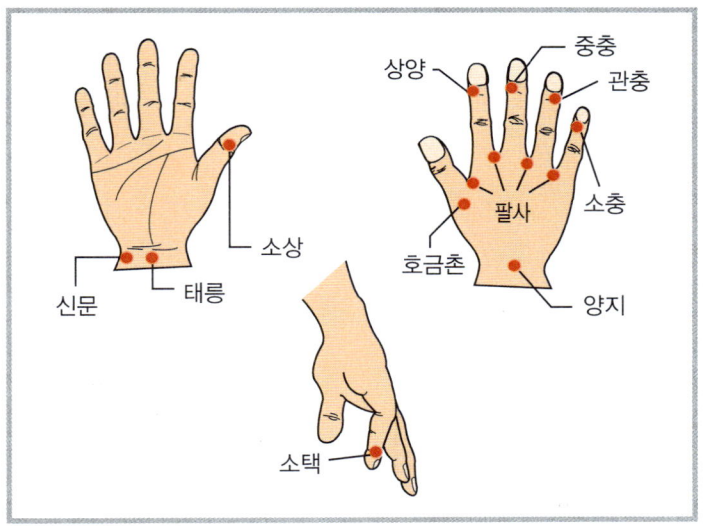

증상 · 원인

류마티스는 초기에는 작은 관절에서 통증이 시작되나 시간이 경과할
수록 큰 관절로 발전된다. 가능한 초기에 치료하는 것이 급선무인데
자칫 방심하면 관절의 움직임이 불편하고 통증이 동반되며 완치가 불
가능해질 수도 있다. 공통된 특징은 전신의 혈액순환이 나쁘며 호르몬
의 밸런스가 깨져 순환기 장애, 내장기관 장애를 일으킨다.

Massage 시간

7~10분(주 4회)

방 법

태릉, 신문, 양지, 호금촌, 팔사점은 모지압박법을, 상양, 중충, 관충,
소충점은 지첨압박법이나 봉압박법을 실시한다.

효 과

소상, 상양, 중충, 관충, 소충, 소택을 자극하면 류마티스를 예방하고
전신의 혈액순환을 좋게 하며 호르몬의 밸런스를 조절해 준다.

모발 손상

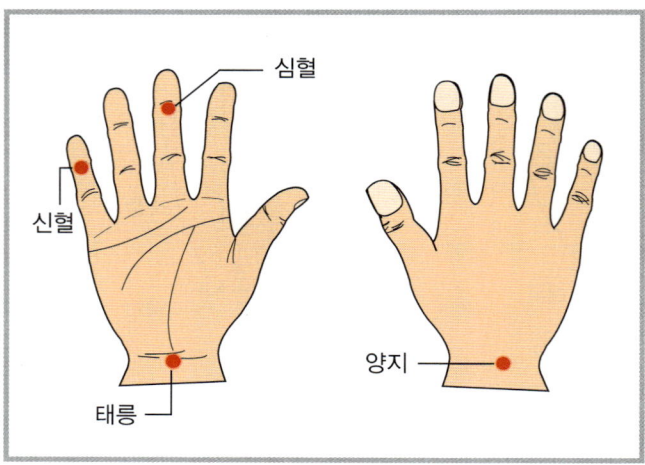

증상 · 원인

모발 손상의 원인은 스트레스 축적이 주범이다. 스트레스가 쌓이면 호르몬의 밸런스가 깨져 모발의 영양분이 부족해 꺼칠꺼칠해지고 탈모 현상이 동시에 일어난다. 또한 내장기관이 약해도 모발이 상하게 되는데 내장의 기능이 저하되면 체내의 혈액이 부족해서 모발까지 보내질 영양분이 부족해지기 때문이다.

Massage 시간

4~5분

방 법

태릉과 양지점은 모지압박법 및 봉압박법을, 신혈과 심혈은 모지첨지법을 실시한다.

효 과

모발 손상을 치유하고 예방하는 데는 스트레스 해소가 가장 급선무다. 손바닥의 심혈과 태릉점을 마사지하면 호르몬의 밸런스를 조절해 주며 양지점을 마사지해 주면 머리를 윤기있게 관리할 수 있다.

멀미

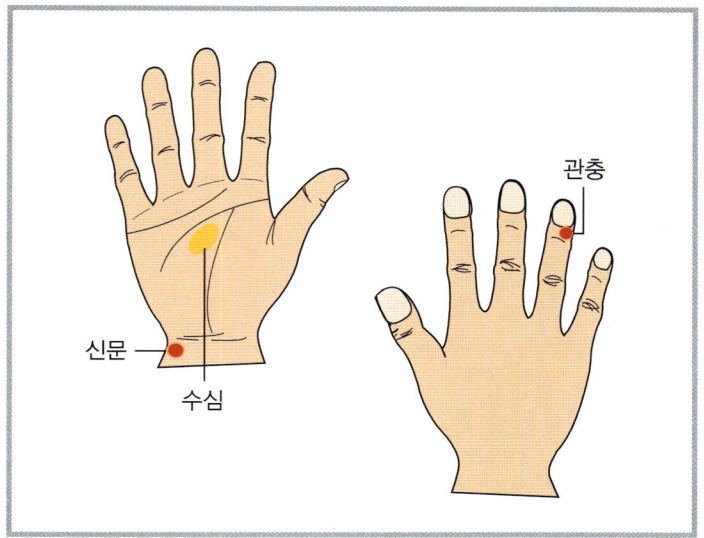

관충

신문

수심

증상 · 원인

멀미는 위장과 귀 가운데에 있는 삼반규관의 이상 변화와 신경과민이
주된 원인이다.

Massage 시간

3~5분

방 법

구토, 매슥거림으로 오는 불쾌감을 방지하기 위해서는 관충과 신둔을
모지압박법이나 봉압박법으로 마사지해 준다.

효 과

관충점을 적절히 마사지해 주면 멀미 예방에 큰 효과가 있으며, 신문
점에 쌀알을 붙여주면 장기간 여행에도 큰 무리가 없다.

목이 답답할 때

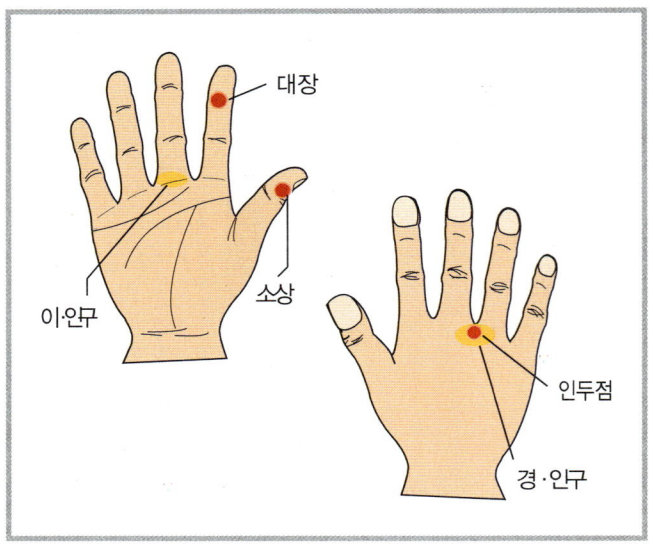

증상 · 원인

목의 답답함은 배기가스, 스모그 또는 담배연기 등의 오염으로 발생하기 쉽다. 특히 환기가 나쁜 빌딩이나 대도시에 거주하고 있는 사람이 더 심하게 나타난다.

Massage 시간

3~5분(주 2~3회)

방 법

손등의 인두점과 경 · 인구, 이 · 인구를 모지압박법이나 봉압박법으로 실시한다. 이쑤시개를 묶어서 10회 정도 자극해 준다.

효 과

만성적으로 목이 답답할 때는 이 · 인구와 경 · 인구, 인두점을 자극해 주고 술, 담배를 많이 해서 목이 답답할 경우에는 소상과 인두점, 대장을 마사지해 주면 큰 효과가 있다.

목이나 어깻죽지의 통증

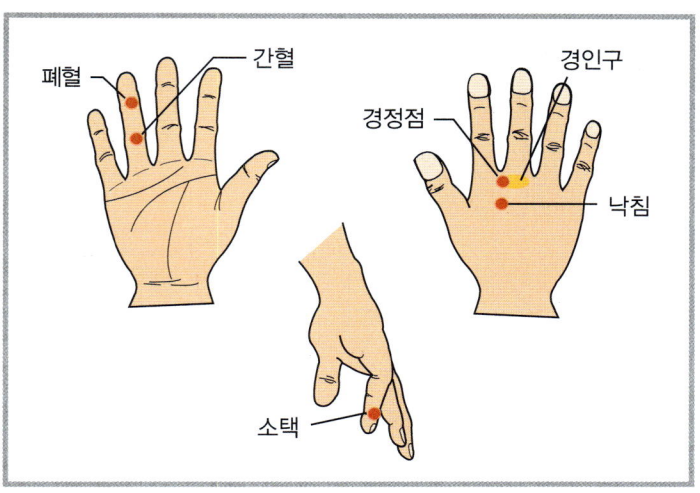

증상 · 원인

나이가 들면 누구나 온몸이 아프거나 쑤시기 마련이다. 갱년기에 접어든 여성이나 중년 남성 대부분이 몸이 뻐근하고 어깨가 결리는 현상이 자주 발생한다. 이 원인은 목근육과 어깨근육을 너무 안 움직여서 생기는 현상이다. 따라서 적절한 스트레칭과 운동요법이 요구되며 시간이 허락치 않을 때는 목 · 어깨의 경혈점을 찾아 마사지해 준다.

Massage 시간

4~8분

방 법

목이나 어깻죽지의 통증이 자주 발생하면 안점과 삼각근, 견근점, 수삼리점을 자극해 주고 손의 폐혈, 간혈, 경정, 소택점을 손이나 기구로 적절히 자극해 준다.

효 과

자주 일어날 수 있는 질환인 목과 어깨의 견비통에는 규칙적인 운동과 마사지점을 찾아 적당히 자극해 주면 원활한 활동을 할 수 있다.

변 비

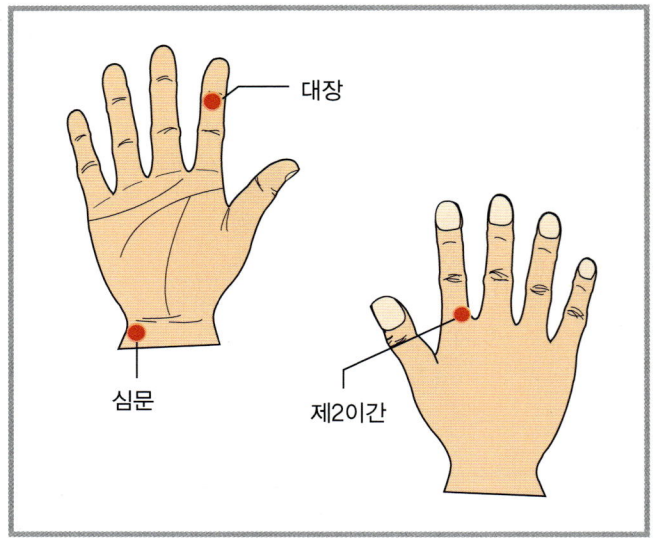

대장

심문

제2이간

증상 · 원인

변비는 장 속에서 음식물의 수분이 이상흡수 현상을 일으켜 나타나는 증상이다. 배설이 잘 되지 않으면 장 속에 머물러 있었던 유해물질이 혈액 속에 흡수되어 여러 장기관에 악영향을 준다.

Massage 시간

3~5분

방 법

대장점, 심문점은 봉압박법을, 제2이간은 모지압박법을 실시한다.

효 과

대장과 심문점을 마사지해 주면 변비를 해소하고 원활하게 배설할 수 있으며 제2이간을 마사지하면 편안한 장으로 이끌 수 있다.

불면증

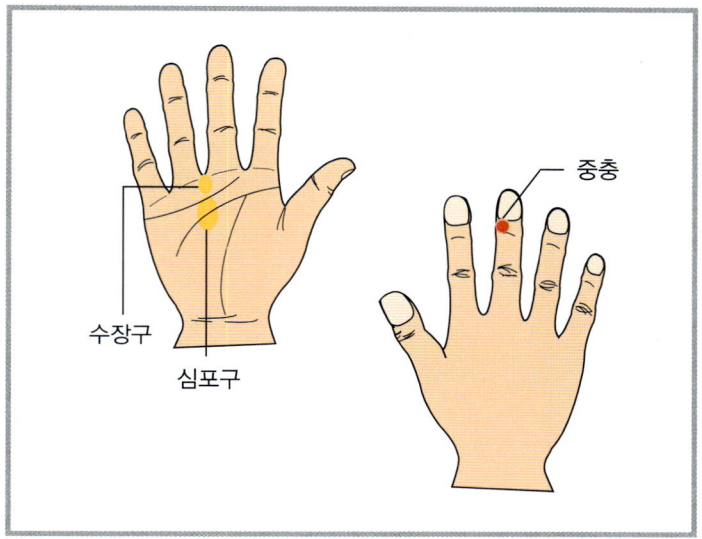

중충

수장구

심포구

증상 · 원인

불면증은 정신적인 스트레스가 주원인으로 알려져 있다. 또한 식욕부진, 마음의 불안이 가중되어도 불면증이 찾아온다.

Massage 시간

5~10분(주 1~2회)

방 법

수장구와 심포구는 봉으로 경찰압박법을, 중충점은 봉압박법을 실시한다.

효 과

불면해소에 관계가 깊은 마사지점은 심포구와 수장구이며 중충을 자극해 주면 뇌의 혈액순환이 좋아져 마음이 안정되어 잠을 깊이 청할 수 있다.

39

불안 · 초조

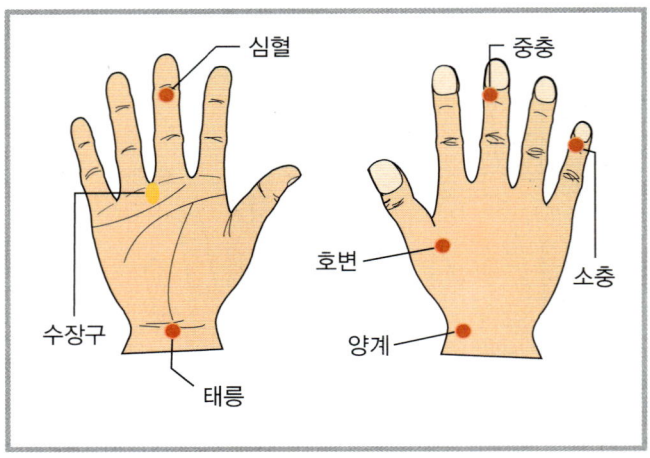

증상 · 원인

정신적인 스트레스가 쌓이면 불안, 초조 등의 정신적인 측면 뿐만 아니라 위장과 심장을 비롯한 내장 전체에 악영향을 미쳐 위궤양, 고혈압, 심장병 등의 성인병을 일으키는 원인이 되기도 한다. 그러므로 정신적 스트레스를 해소하고 마음의 안정을 찾으면 성인병 예방에도 큰 역할을 하게 된다.

Massage 시간

5~10분

방 법

심혈, 태릉, 호변, 양계, 소충, 중충점은 봉압박법과 이지압박법을, 수장구는 봉압박법과 경찰법을 실시한다.

효 과

불안과 초조를 억제해 주는 마사지점은 중충과 소충, 심포경, 심경점이며 수장구와 심혈, 태릉, 호변, 양계점을 마사지하면 불안, 초조해소는 물론 즐겁고 규칙적인 생활을 영위할 수 있다.

비 만

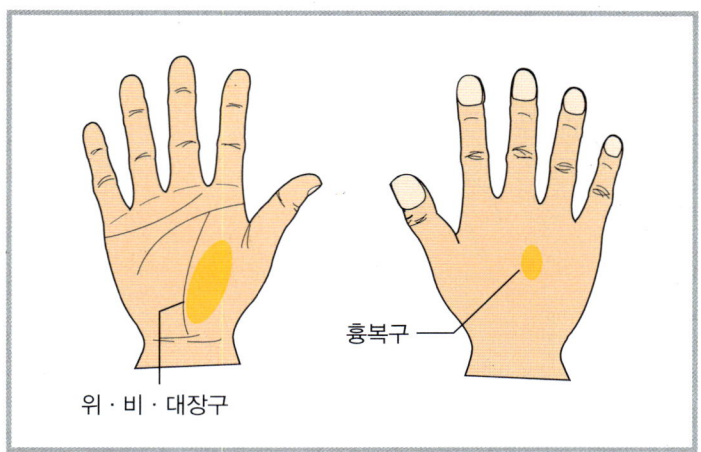

흉복구

위 · 비 · 대장구

증상 · 원인

비만의 원인은 음식물의 섭취량에 비해 에너지 소비가 적거나 불규칙한 식습관 때문이다.

Massage 시간

10~20분(주 3~4회)

방 법

위 · 비 · 대장구와 흉복구를 봉으로 상하압박경찰법을 실시한다.

효 과

비만해소에는 위 · 비 · 대장구점을 잘 마사지하면 바로 효과가 나ㅌ·난다. 또한 흉복구를 자극해 주면 위장기능이 억제되어 식욕이 떨어지게 된다. 이를 지속적으로 실시해 주면 인체의 불균형을 해소할 수 있다.

빈 혈

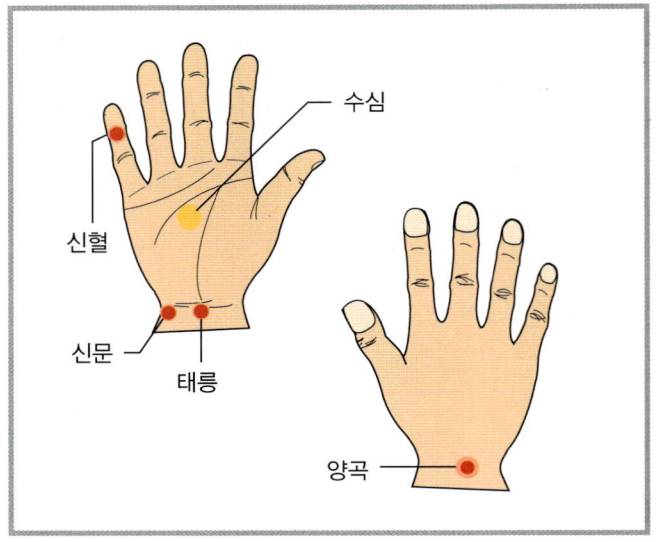

증상 · 원인

빈혈은 장기능이 약화되어 장의 소화흡수 능력이 떨어져 발생하는 증상이다. 이 상태가 계속되면 혈액부족현상에서 혈액순환장애까지 일으킬 수 있다.

Massage 시간

4~6분(주 2~4회)

방 법

수심과 신문, 태릉점은 봉회전압박법을, 양곡점은 봉압박법과 모지회전압박법을 실시한다.

효 과

신혈점은 장의 소화흡수 능력을 촉진시키고 혈액순환 장애를 해소하는 데 효과적인 지점이며 신문과 태릉, 양곡점은 근본적인 빈혈을 해소하는 데 큰 효과가 있다.

생리통 · 생리불순

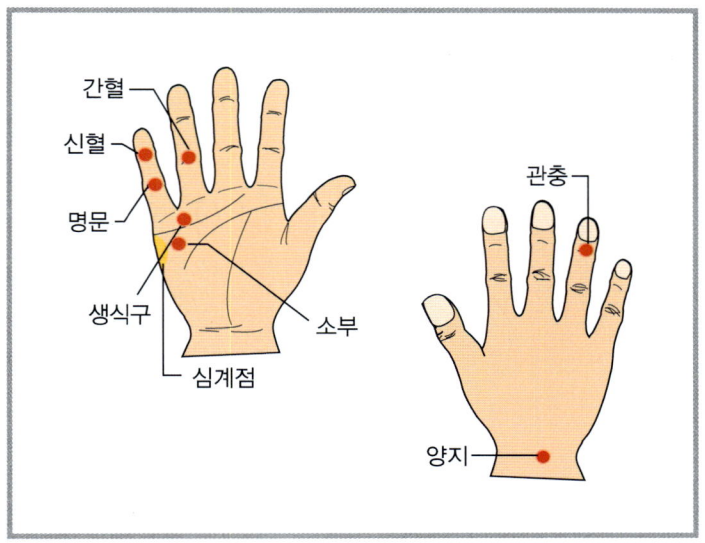

증상 · 원인

생리통과 생리불순은 호르몬의 불균형과 자궁의 기능 장애로 인해 발생하는 질병이다.

Massage 시간

3~6분(주 5회)

방 법

간혈, 신혈, 명문, 심계, 생식구, 소부점은 봉압박법 및 봉회전압박법을 실시하고 관충과 양지는 모지압박법을 실시한다.

효 과

10대에 나타나는 생리불순은 쇼크나 스트레스에서 오는 경우가 많다. 생리통에 효과가 있는 곳은 명문과 신혈, 간혈점이며 생식구와 소부, 양지점을 마사지하면 생리불순을 해소할 수 있다.

설 사

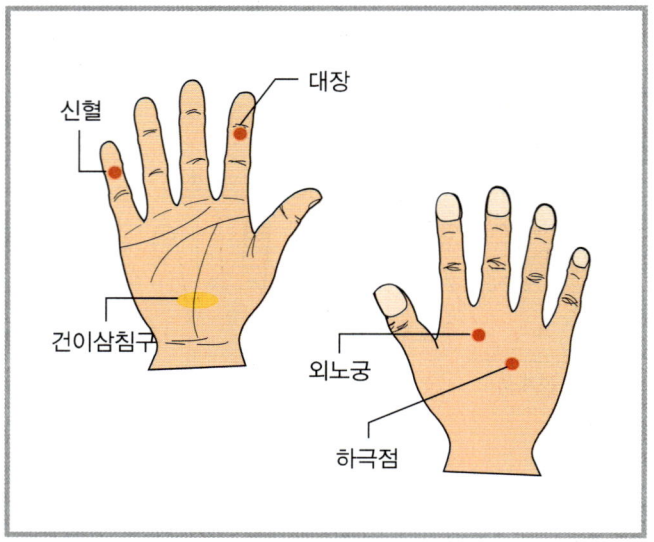

증상 · 원인

설사는 장의 소화흡수가 나빠 음식물이 내부에서 이상 발효 현상을 일으켜 나타나는 증상이다. 따라서 설사를 멈추려면 장의 소화 흡수 능력을 강화시키면 된다.

Massage 시간

5~10분

방 법

신혈, 대장점은 봉압박법을, 건이삼침구는 봉좌우압박법을, 하극점과 외노궁은 모지압박법을 실시한다.

효 과

신혈과 대장을 마사지해 주면 과음으로 인한 설사를 완쾌할 수 있으며 건이삼침구, 하극점, 외노궁을 마사지해 주면 스트레스로 인한 만성설 사를 해소할 수 있다.

식욕부진

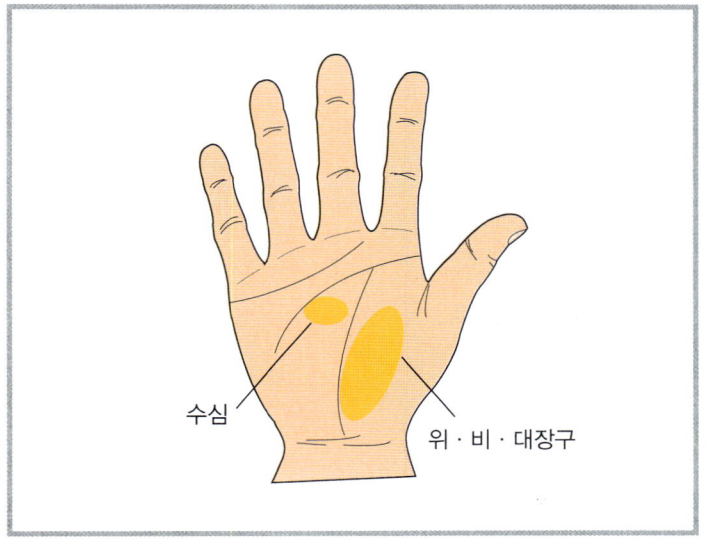

수심

위 · 비 · 대장구

증상 · 원인

생활이 윤택해지고 풍요로워지면 미식가가 늘어나는 법이다. 그런데 먹는 즐거움을 느끼지 못하고 식사하는 것이 괴로운 사람들이 있다. 이와 같이 식욕부진으로 고생하는 사람은 위와 장의 소화 흡수력이 저하되었거나 스트레스로 인한 정신적인 피로 때문인 경우가 많다. 그러므로 원인을 깨뜨리면 먹는 즐거움을 만끽할 수 있게 된다.

Massage 시간

5~10분(주 2~3회)

방 법

수심과 위 · 비 · 대장구를 봉으로 문지른다.

효 과

육체적인 피로가 쌓여 장 등 소화기의 기능 저하에 따른 식욕부진 시에는 위 · 비 · 대장구점을 마사지해 주고 스트레스로 인한 식욕부진과 더위로 인한 식욕부진은 수심을 자극해 준다.

심장의 두근거림과 숨참

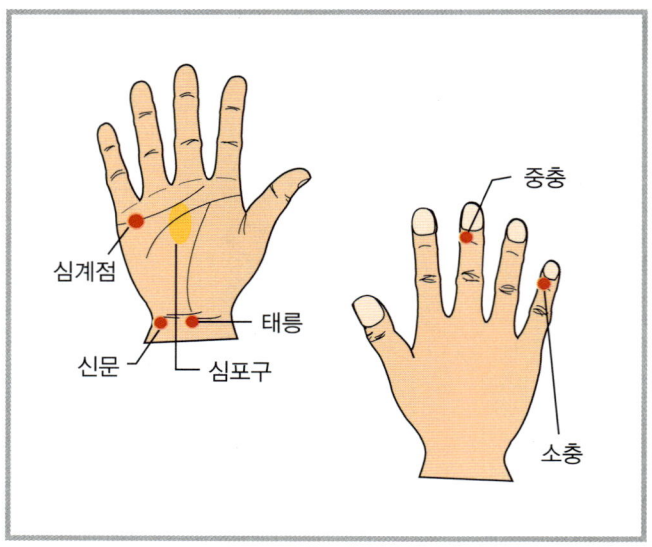

증상 · 원인

심장질환의 초기 증상은 위가 쓰리거나 구역질, 식은땀, 가슴 답답함, 호흡곤란의 증상이 있다.

Massage 시간

5~10분

방 법

심장의 두근거림과 호흡곤란 증상에 효과적인 마사지점은 안점과 명치, 경부 오목점이며 특히 손의 심계점, 태릉, 신문, 심포구, 중충과 소충을 적절히 자극해 주면 큰 효과를 볼 수 있다.

효 과

심장의 두근거림과 호흡곤란, 심근경색 등 심장질환에는 의사나 운동처방사의 처방을 받아 적절한 운동이 요구되며 심장질환에 효과적인 마사지점을 찾아 지속적으로 자극해 주면 큰 효과를 볼 수 있다.

알레르기성 비염

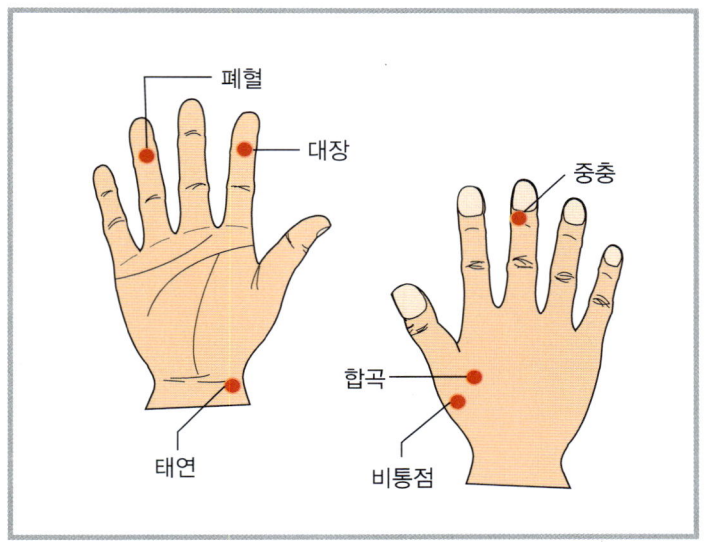

증상 · 원인

알레르기성 비염은 선천적인 질병으로 냄새 및 계절에 따라 발생되는 경우가 많다. 특히 비염은 재채기와 콧물이 계속 흘러 집중력과 사고력을 흐리게 하고 주위를 산만하게 하는 질병이다.

Massage 시간

4~6분(주 2~3회)

방 법

태연, 대장, 폐혈은 봉압박법을, 비통, 합곡, 중충은 모지압박법이나 봉회전압박법을 실시한다.

효 과

알레르기성 비염은 마사지로 완치할 수 있다. 이 증세에 효과가 가장 높은 마사지점은 합곡인데 호흡기 계통을 원활하게 해 준다. 재채기와 콧물이 나오는 스트레스성 비염에는 중충점을 마사지해 준다.

어깨결림

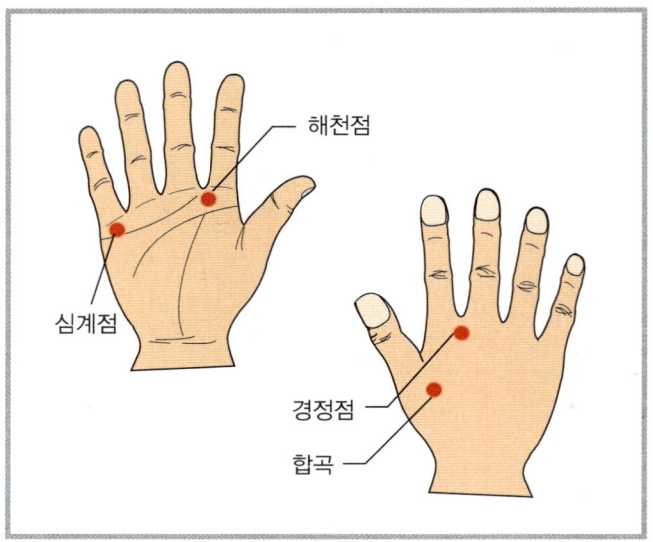

증상 · 원인

어깨결림은 많은 활동으로 인하여 통증을 동반할 수도 있으나 대부분은 정신적인 스트레스나 위장의 이상 상태에서 오는 경우가 많다. 특히 여성에게서 만성 어깨결림이 많이 나타나는데 처음에는 대수롭지 않으나 습관이 되면 매우 귀찮은 존재가 된다.

Massage 시간

5~10분(주 4~5회)

방 법

심계점, 해천점은 봉압박법을, 경정점과 합곡점은 모지압박법을 실시한다.

효 과

정신적 요인으로 인한 어깨결림은 합곡점을 마사지하고 천식이나 심장이 약한 경우는 해천점을 자극하며 만성 어깨결림은 경정점과 합곡을 자극하면 큰 효과를 볼 수 있다.

여드름

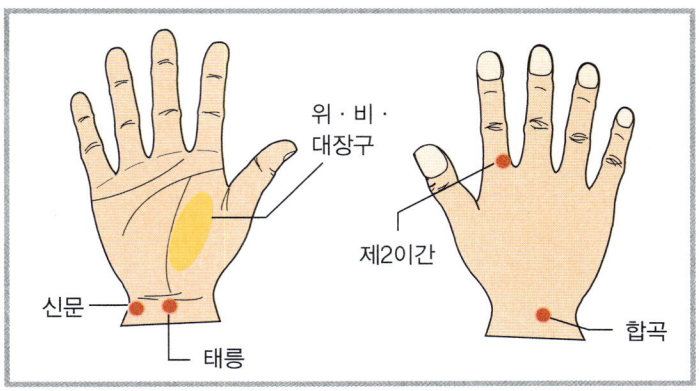

위 · 비 · 대장구
제2이간
신문
태릉
합곡

증상 · 원인

여드름은 '청춘의 상징'이라고도 말하는데 사춘기의 가장 큰 고민거리일 수도 있다. 사춘기는 제2차 성장기로서 호르몬의 분비가 왕성하여 피부밑에 있는 피지선의 작용이 활발해진다. 사춘기에 여드름이 생기는 것은 음식물이 원인인 경우가 많고 과식, 편식, 불규칙한 식사 등이 여드름을 발생하게 한다.

Massage 시간

4~5분

방 법

여드름에는 청결이 중요하며 세안을 자주 하고 손목에 있는 신문, 태릉, 합곡점 등을 마사지해 준다.

효 과

여드름에 효과가 있는 것은 마사지 이외에 담뱃재 뜸이 최고로 좋고 저녁에 10회 정도 실시한다. 변비에 의해 여드름이 발생했을 때 효과가 있는 곳은 장 등의 소화기를 자극해서 체내에 있는 불순물을 밖으로 내보내야 한다. 그러기 위해서는 제2이간을 마사지해 주고 신문, 태릉을 자극하면 여드름뿐만 아니라 혈액순환 및 소화기능을 활성화시켜 준다.

요 통

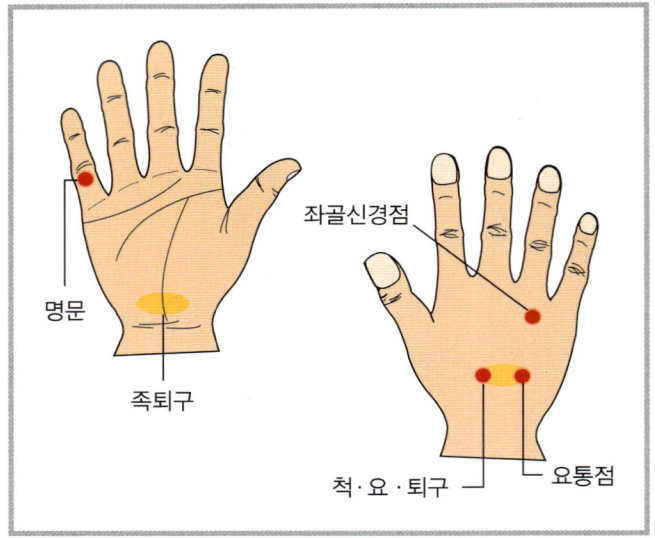

좌골신경점

명문

족퇴구

척 · 요 · 퇴구   요통점

증상 · 원인

요통에는 근육의 염증이 원인이 되는 요통에서부터 좌골 신경통에 이르기까지 다양하다. 요통은 사람에 따라서 다양하게 나타나기 때문에 그 원인이 무엇인지 정확히 파악하기 어려운 경우가 많다.

Massage 시간

5~10분(주 2~3회)

방 법

명문점은 봉압박법을, 족퇴구는 봉회전압박법을, 좌골신경점, 척 · 요 · 퇴구점, 요통점은 모지압박법이나 봉압박법을 실시한다.

효 과

요통의 치료에서 중심이 되는 마사지점은 손등에 있는 척 · 요 · 퇴구점이나 요통점으로 이를 자극하면 좌골 신경통을 해소할 수 있으며 좌골 신경점을 자극해 주면 여성요통에 더욱 효과적이며 근본적인 통증을 해소할 수 있다.

위장이 약함

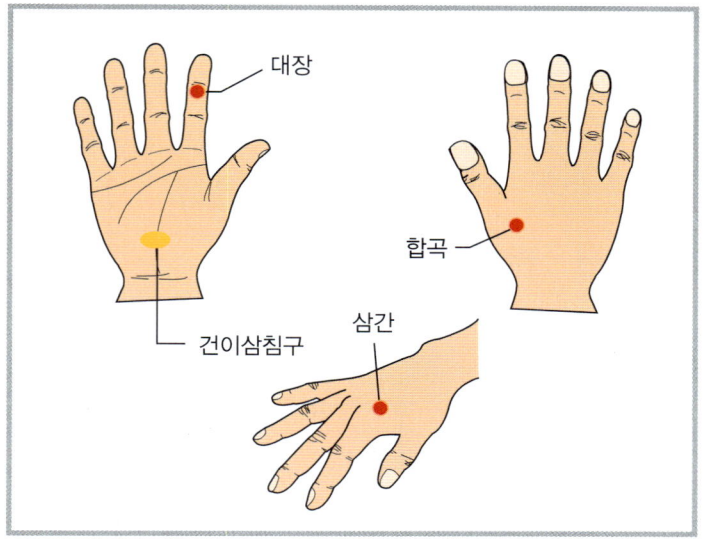

대장

합곡

삼간

건이삼침구

증상 · 원인

만성적인 위장장애는 너무 급하게 음식을 섭취하거나 잘 씹지 않고 삼키는 경우, 불규칙한 식사시간과 식사량의 변화에 따라 나타나는 증상이다. 음식물을 씹지 않고 위로 보내면 위에 필요 이상의 부담이 와서 소화력을 약화시킨다. 소화불량은 위가 체하게 되는 것이 원인이고 체한 상태가 장기적으로 지속되면 위에 이상 증세가 나타나게 된다.

Massage 시간

5~10분(주 3~4회)

방 법

대장점은 봉압박법을, 건이삼침구는 좌우경찰압박법을, 합곡과 삼간은 모지압박법을 실시한다.

효 과

건이삼침구를 자극해 주면 소화력을 높여주며 장기관의 작용을 활발히 촉진시켜 주고 대장과 삼간을 마사지해 주면 위의 기능이 높아진다.

위통과 위궤양

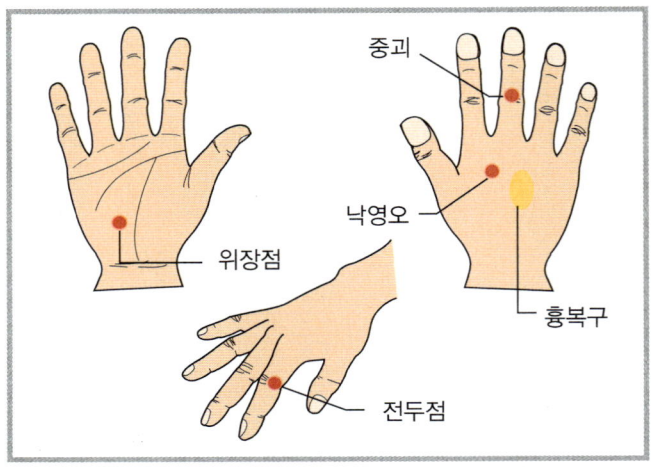

증상 · 원인

부패한 음식이나 찬 음식을 먹었을 때, 소화하기 힘든 음식물을 섭취했을 때, 술을 많이 마신 다음날 헛배가 부르고 구토증상이 나타나며 위가 몹시 아플 때가 있다. 위통이 심한 경우는 쇼크 상태까지 빠지는 경우가 있는데 이를 위경련이라 한다. 또한 위궤양은 음식물을 소화하는 위산이 너무 많이 분비되어 일어나는 증상으로 불규칙한 식사, 수면부족, 스트레스가 많이 쌓이면 이 증상이 나타난다.

Massage 시간

3~4분(주 1~2회)

방 법

위장점은 봉압박법을, 중괴, 낙영오, 흉복구, 전두점은 모지압박법을 실시한다.

효 과

위통에 효과가 있는 지점은 위장점이다. 이 지점은 소화기 계통과 밀접한 관계가 있으므로 통증해소에 그만이다. 위궤양에는 흉복구와 전두점, 중괴점을 마사지하면 효과가 매우 좋다.

임포턴트

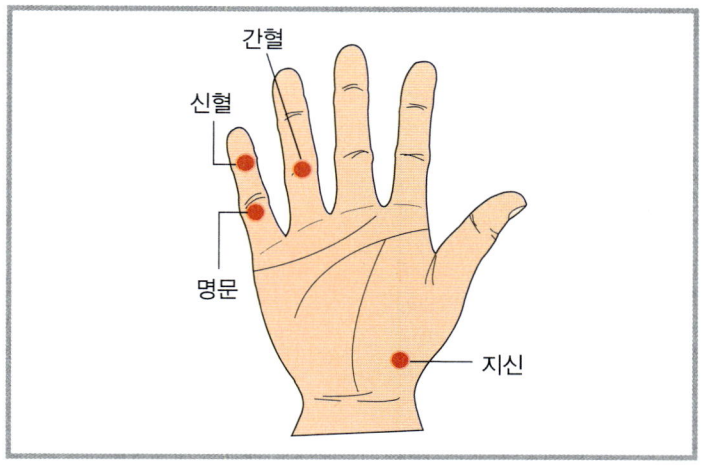

간혈

신혈

명문

지신

증상 · 원인

복잡한 현대사회일수록 임포턴트로 고민하는 남성이 늘어가게 마련이다. 임포턴트는 육체적인 피로 뿐만 아니라 정신적으로 스트레스를 받을 경우에도 쉽게 회복되지 않는다. 정신적인 긴장과 스트레스가 쌓이면 원만한 부부 생활을 영위할 수 없고 이것이 지속되면 부부관계가 힘든 상황까지 처하게 된다. 이럴 때는 마사지로 극복하면 좋은 효과를 얻을 수 있다.

Massage 시간

5~10분(주 3~4회)

방 법

간혈, 신혈, 명문, 지신점에 봉압박법 및 회전압박법을 실시한다.

효 과

임포턴트에 바로 효과를 볼 수 있는 마사지점은 지신이다. 지신을 어떻게 자극하느냐에 따라 남성으로서의 자신을 회복하느냐를 결정해 준다. 또한 명문과 신혈을 자극하면 생식기의 기능이 활성화되어 임포턴트를 극복하는 데 큰 도움을 준다.

저혈압

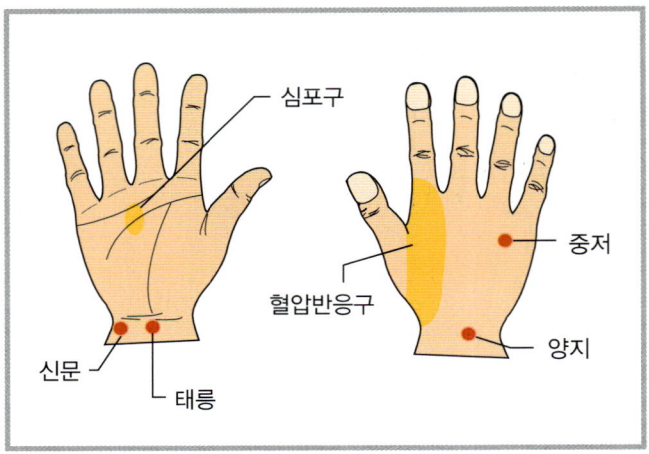

심포구

중저

혈압반응구

양지

신문

태릉

증상 · 원인

보통 최고 혈압이 95mmHg 이하를 저혈압이라고 하는데 두통과 현기증, 어깨결림이 동반된다. 저혈압인 사람은 혈관의 수축력이 약하고 혈액의 흐름이 원활하지 못하다. 그러므로 모세혈관의 구석구석까지 혈액이 흐르지 않아 심장을 비롯한 순환기 계통의 기능이 활발하지 못하게 된다. 저혈압의 특징으로는 일어설 때의 어지러움증, 손발이 차고 귀가 멍해지고 권태감이 오는 등의 증상으로 순환기 계통의 기능이 저하됨에 따라 일어나는 현상이다.

Massage 시간

5~10분(주 4~5회)

방 법

신문, 태릉, 심포구는 봉회전압박법을, 중저, 양지점은 모지압박법을 실시한다.

효 과

저혈압에 효과가 높은 곳은 심경, 심포경과 연결되어 있는 신문, 태릉점, 중저 부분이며 마사지하면 빠른 효과를 볼 수 있다.

천 식

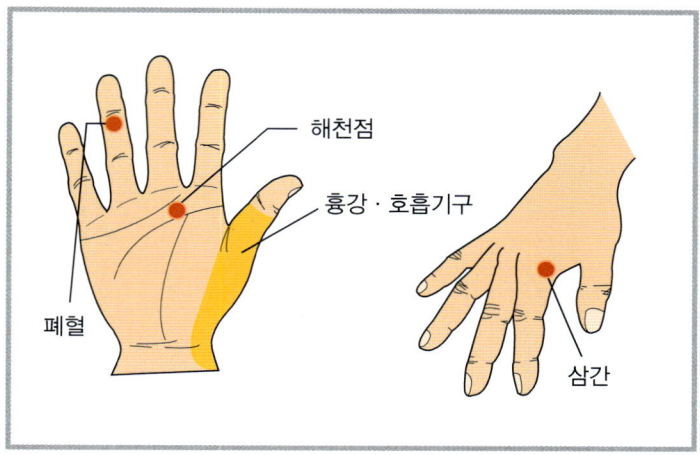

해천점

흉강 · 호흡기구

폐혈

삼간

증상 · 원인

천식은 본인은 물론 가족전체가 시달리므로 미리 예방하거나 발생 시 최대한 빨리 치료하는 것이 가장 중요하다. 천식은 증세가 심하면 일시적인 발작증세를 일으켜 정도에 따라 생명에 지장을 줄 만큼 위험한 증상이다.

Massage 시간

10~15분(주 3회 이상)

방 법

흉강, 해천점은 모지압박법을, 폐혈점과 삼간부는 모지회전압박법 및 봉압박법을 실시한다.

효 과

해천점의 적절한 마사지는 일시적인 발작증세를 억제하며 삼간, 폐혈점을 마사지해 주면 천식과 발작을 해소시킬 수 있다. 또한 흉강 · 호흡기구를 마사지해 주면 호흡기가 강화되어 발작 횟수가 줄어들고 나중에는 발작을 멈춘다.

축농증

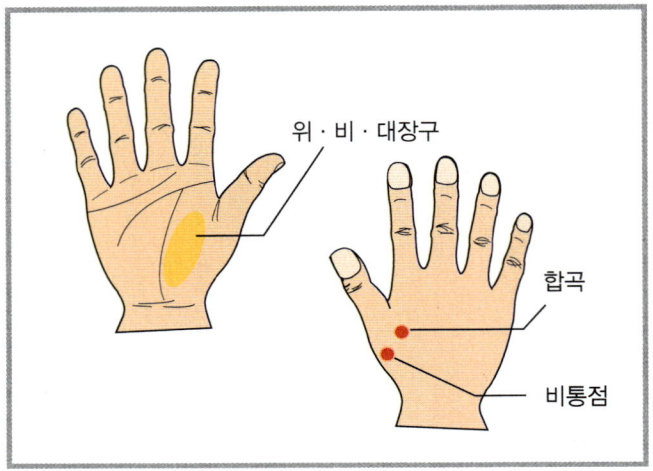

위 · 비 · 대장구

합곡

비통점

증상 · 원인

축농증은 부비강의 점막이 이상 반응을 일으켜 나타나는 증상이다. 부비강에 이상 변화가 일어나면 콧물이 많이 만들어져 코를 막게 된다. 이 증상이 계속되면 많은 양의 콧물이 끊임없이 나오게 되고 콧물이 밖으로 계속 나와도 내부에 고여있는 양이 많으므로 괴롭고 불쾌감을 느끼게 된다. 축농증은 수술을 해도 재발위험이 높은 질병이다. 이 병은 생명에는 지장이 없으나 집중력과 사고력을 저하시켜 의욕을 상실케 하는 병이다.

Massage 시간

6~10분(주 2~3회)

방 법

위 · 비 · 대장구는 봉으로 압박한 상태에서 좌우로 문질러 주고 합곡과 비통점은 모지압박법이나 봉압박법을 실시한다.

효 과

합곡과 비통점을 마사지하면 코가 상쾌해지고 불쾌감이 해소되며 위 · 비 · 대장구를 마사지해 주면 비만증도 해소시킬 수 있다.

치 질

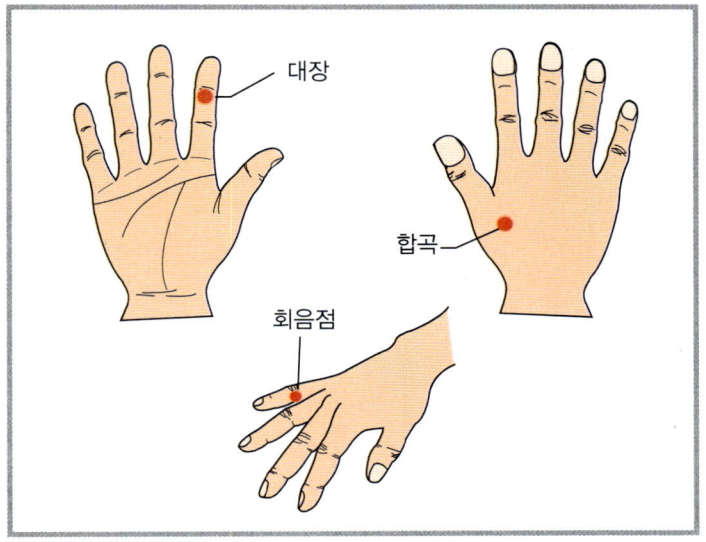

대장

합곡

회음점

증상 · 원인

치질은 식생활 습관과 생활 습관이 불규칙적으로 이루어져 발생하는 질병이다.

Massage 시간

3~6분(주 3~4회)

방 법

합곡점은 모지압박법을, 대장, 회음점은 이지압박법 및 봉압박법을 실시한다.

효 과

회음점을 자극하면 항문의 괄약근이 단련되므로 항문으로부터의 출혈을 멈추게 해 주고 합곡과 대장점을 마사지해 주면 정맥에 흩액이 고이지 않게 하여 회복을 빠르게 한다.

치 통

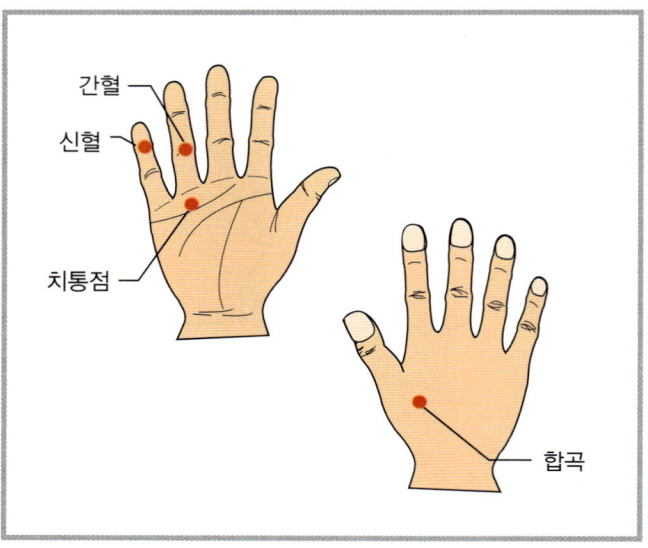

간혈
신혈
치통점
합곡

증상 · 원인

치통은 에나멜질의 염증이나 에나멜질의 밑에 있는 상아질까지 충치가 침범하여 심한 통증을 느끼게 된다.

Massage 시간

5~6분(주 1회)

방 법

갑작스런 치통은 신혈점을 마사지해 주고 간혈, 신혈, 치통점을 봉압박법으로 자극한다.

효 과

합곡점을 마사지해 주면 치아의 점막의 통증을 해소시켜 주며 치통점을 마사지해 주면 치육의 염증을 해소시켜 준다. 또한 간혈점을 마사지해 주면 온도에 의해 통증을 느끼게 되는 질병까지 해소시킬 수 있다.

피로한 눈

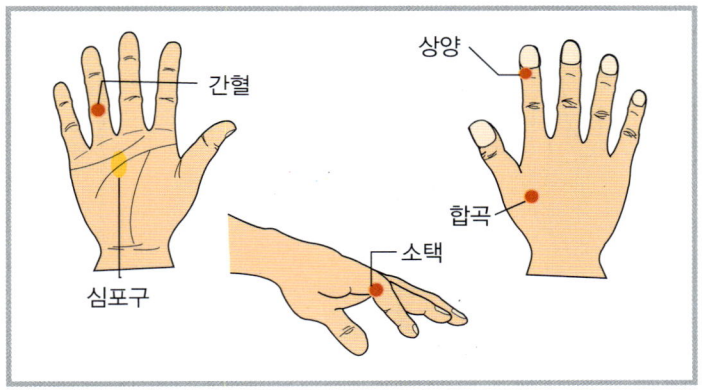

증상 · 원인

밤늦도록 시험을 준비하는 수험생이나 직장에서 컴퓨터 등 기계로 인해 눈이 혹사당하고 있는 직장인들이 늘어나고 있다. 직장인들은 만성 어깨결림, 두통이나 현기증, 구토, 식욕부진, 눈의 피로 등으로 고통을 호소하는 사람들이 많다. 눈이 피로해지는 것은 그만큼 위장의 기능이 약해졌다는 증거다. 즉 위장에 이상이 생기면 쉽게 눈의 피로를 느낀다는 점이다. 그러므로 눈의 피로를 풀기 위해서는 위장의 기능을 강화하고 정신을 안정시키는 것이 무엇보다도 중요하다.

Massage 시간

5~10분(주 2~4회)

방 법

간혈점과 상양, 합곡, 소택점은 봉압박법을 실시하고, 심포구는 봉으로 문지른다.

효 과

눈에는 대장경, 소장경, 위경, 간경, 심포경이라는 다섯 개의 경각이 있다. 그래서 눈은 위장과 신경의 변화에 큰 영향을 받게 되는 것이다. 위장 기능강화에 효과적인 마사지점은 상양과 소택, 합곡점이며 심포구는 신경으로 인한 피로를 해소할 수 있다.

현기증 · 귀울음

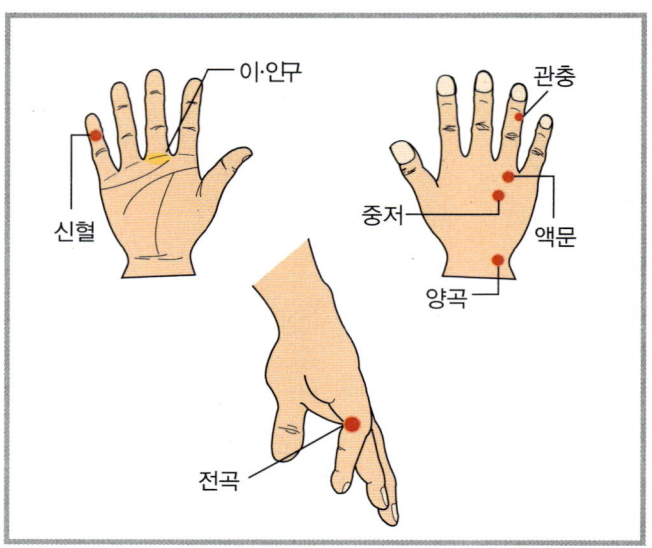

증상 · 원인

현기증은 몸의 평형감각을 잃었을 때 일어나는 증상으로 그 원인은 빈혈, 갱년기 장애, 멀미, 위장 장애 등 다양하다. 이 증상은 돌발적으로 일어나는 경우가 많으므로 예방이 최선이다.

Massage 시간

4~6분(주 2~3회)

방 법

신혈, 이 · 인구, 전곡점은 봉압박법을, 관충, 액문, 중저, 양곡점은 봉회전압박법을 실시한다.

효 과

현기증에 바로 효과를 볼 수 있는 마사지점은 액문과 중저, 이 · 인구다. 또한 귀울음에 특효인 마사지점은 신혈과 전곡이다.

흰머리

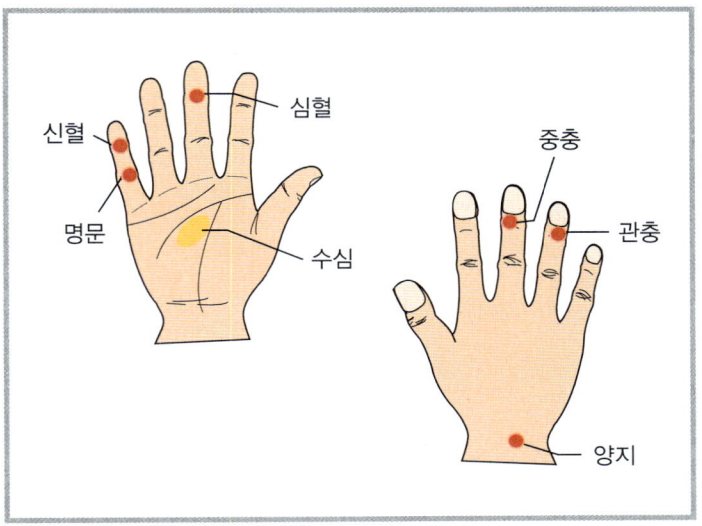

증상 · 원인

흰머리가 나는 것은 생활 스트레스와 부신 기능이 떨어져 생기는 현상이다.

Massage 시간

3~6분(주 3~4회)

방 법

신혈, 명문, 심혈점은 봉압박법을, 양지, 중충, 관충은 지첨법 및 모지회전압박법을 실시한다.

효 과

신혈과 명문점을 마사지하면 부신 기능이 높아져 흰머리가 나지 않으며 중충과 관충, 양지점을 평소에 자극해 주면 흰머리가 나는 것을 예방할 수 있다.

50대에 자주 일어나는 어깨결림

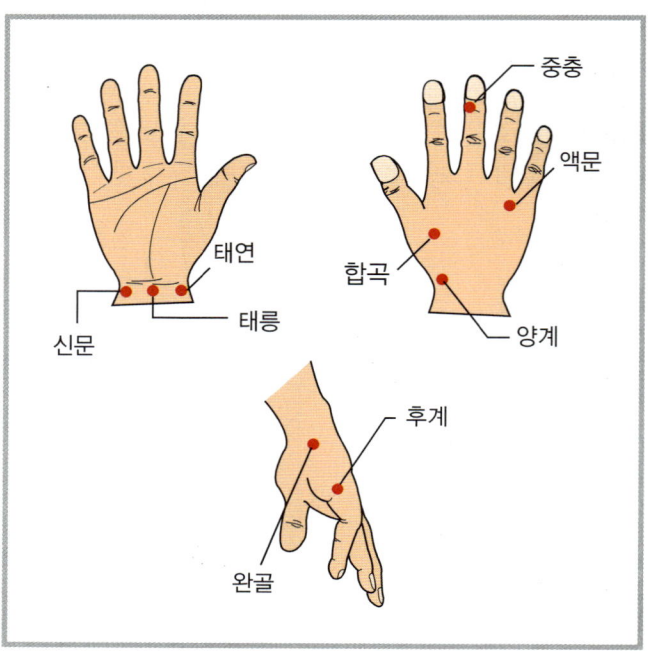

증상 · 원인

50대에 자주 일어나는 어깨결림은 무리하게 팔을 쓰거나 팔을 벌릴 때 어깨에서부터 팔에 이르기까지 쑤시고 결리는 통증을 동반하며 체온이 저하되면서 어깨가 차가워져 갑자기 심한 통증이 나타나기도 한다.

Massage 시간

5~10분(주 2회)

방 법

신문, 태연, 태릉, 완골, 후계점은 모지압박법과 봉압박법을, 중충, 액문, 합곡, 양계, 후계점은 모지회전압박법을 실시한다.

효 과

장년기 및 갱년기에 자주 일어나는 어깨결림은 매우 불쾌하고 귀찮은 존재다. 어깨결림에 효과적인 마사지점은 태연과 신문, 태릉, 합곡, 양계, 액문, 중충점으로 이 곳을 적절히 자극해 주면 호르몬의 작용을 적절히 조절하여 어깨결림 예방과 치유에 효과적이며 후계점과 완골점을 자극해 주면 내장기능의 균형을 조절해 주어 어깨결림 및 견비통을 예방할 수 있다.

발관리요법

PART 02

발마사지에 대해서

1. 발(足)마사지의 특징

- 발은 제2의 생명이다.
- 발을 알면 무병 장수한다.
- 발은 전신의 축소도다.
- 발바닥에 5장(간, 심, 비, 폐, 신), 6부(담, 소장, 위, 대장, 방광, 삼초)의 조직이 집약 투영되어 있다.
- 노화는 발부터 시작된다.
- 발은 인체의 뿌리다.
- 발을 알면 질병을 예방할 수 있다.

2. 발의 구조와 기능

발은 인체의 균형을 유지하고 지탱할 수 있도록 구성되어 있다. 발의 뼈는 양발을 합쳐 52개로 인체 전체의 4분의 1을 차지한다.
또한 근육과 힘줄은 가장 강하고 굵게 형성되어 모든 동작에 대응하여 작용할 수 있도록 구성되어 있다.
인대는 112개가 모여 있는데 복잡한 뼈와 관절을 연결하고 발에 실리는 힘과 비틀림을 방지하고 있으며 발바닥에는 족저근막이라 불리워지는 가장 큰 인대가 발바닥을 근육과 함께 균등하게 보호하고 있다.
또한 발의 혈관은 매우 길며 그 혈관을 흐르는 혈액은 심장으로 되돌려 보내기도 하고 발의 평열을 유지하며 피부와 발톱을 정상으로 유지할 수 있도록 해 주며 발등과 아킬레스건에 있는 맥의 강약에 따라 혈액순환과 순환기의 건강 정도를 체크할 수 있다.

3. 발(足)마사지의 요령

제1단계 – 어느 부위에 통증이 있는가의 여부를 알아보기 위해 발바닥 및 발등을 골고루 마사지하여 혈액순환 촉진과 응어리의 압통점을 찾는다. 압통점을 찾으면 반사구 분포도를 참조하여 그 부위가 어느 장기인가를 확인한다.

제2단계 – 증상별 마사지를 실시한다. 발견된 압통점을 중심으로 마사지를 하며, 손이나 봉을 이용하여 약간 통증이 있을 정도로 시술한다. 지속적으로 마사지를 실시하면 압통도 차츰 완화되며 응어리도 풀리게 된다. 동시에 이상이 있는 장기와 기관의 혈액순환이 원활해지고 신진대사는 활발히 촉진되어 증세가 호전되며 건강을 되찾게 된다.

4. 발마사지에 이용되는 마사지 기구

발의 피로와 혈액 순환을 원활하게 해 주는 봉 발 마사지 기구

발의 쌓인 피로를 해소하고 시원하게 해 주는 타법 마사지 기구

발의 피부를 매끄럽게 하고 피로를 제거해 주는 도르레 마사지 기구

발의 상반부와 하반부의 경혈점을 골고루 자극할 수 있는 지압봉 마사지 기구

5. 발바닥과 내장

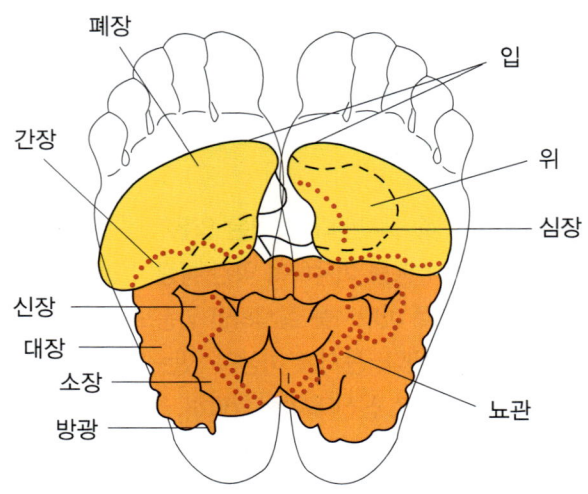

6. 발바닥과 골격

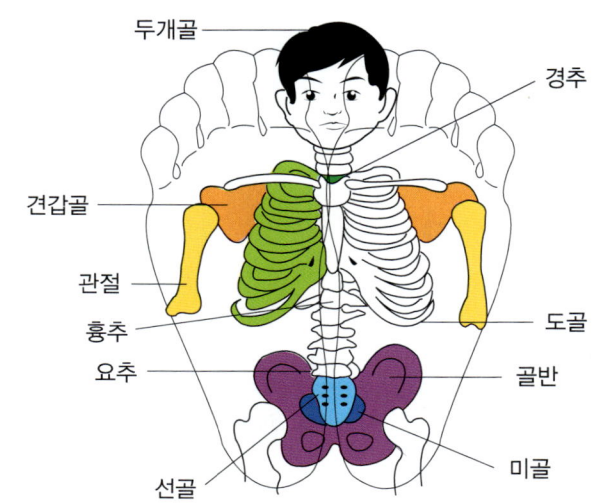

7. 족부외측 분포도

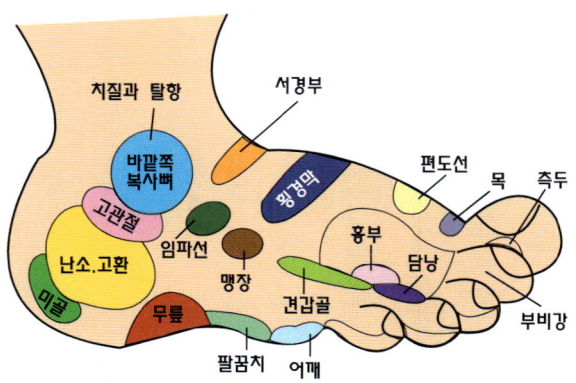

치질과 탈항
서경부
바깥쪽 복사뼈
고관절
임파선
난소.고환
맹장
미골
무릎
팔꿈치
어깨
횡경막
편도선
목
측두
흉부
담낭
견갑골
부비강

8. 족부내측 분포도

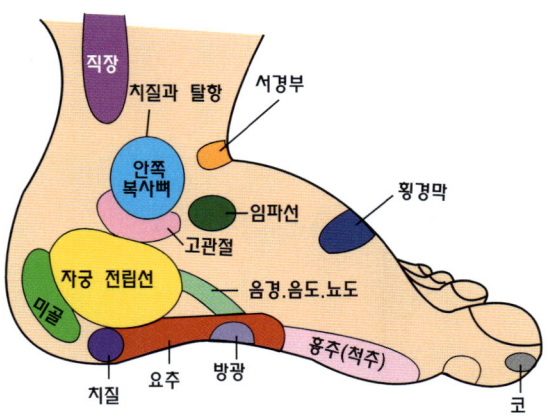

직장
치질과 탈항
서경부
안쪽 복사뼈
임파선
고관절
횡경막
자궁 전립선
미골
음경.음도.뇨도
치질
요주
방광
흉주(척주)
코

9. 왼쪽 발바닥 분포도

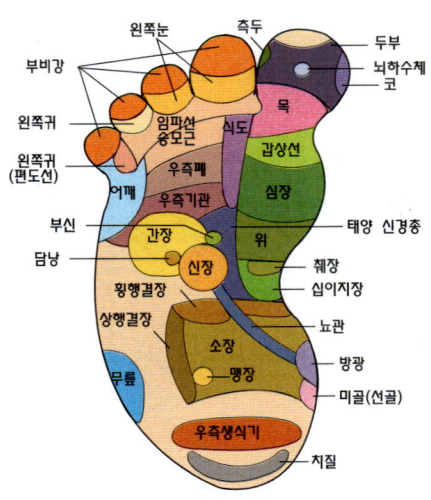

10. 오른쪽 발바닥 분포도

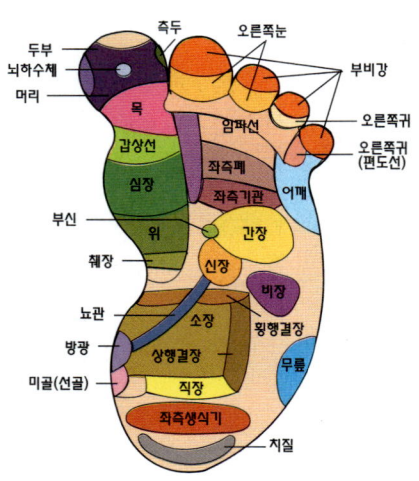

11. 발(足)마사지시 유의사항

- 발마사지 시 온몸에 열이 많거나 타박, 염좌, 동상, 골절, 탈구일 때에는 마사지를 삼가는 것이 좋으며, 심한 당뇨병이 있을 때에는 세심한 주의가 필요하다. 특히 무좀이나 습진 등 발질환이 있을 때에는 소독이나 청결을 유지한 상태에서 마사지를 실행해야 한다.

- 발에 심한 피부염이나 염증이 있을 때는 환부의 치료가 선행되어야 한다.

- 발마사지 시에 환경은 조용하고 안정된 분위기에서 실시해야 더 효과적이다.

- 발마사지는 전신이 편안한 상태가 유지되도록 반듯이 눕거나 엎드린 상태가 좋다.

12. 발마사지를 통해 얻을 수 있는 효과

❶ 혈액순환을 촉진시켜 전신을 편안하게 한다.

❷ 체내에 있는 노폐물을 제거하고 배설시킨다.

❸ 신경반사작용을 일으켜 통증을 억제한다.

❹ 기(氣)의 흐름을 개선하여 기분을 좋게 한다.

❺ 신경을 안정시켜 긴장을 해소시켜 준다.

❻ 발관리 요법은 질병예방의 으뜸이다.

section 04

증상별
발마사지 요법

가성근시

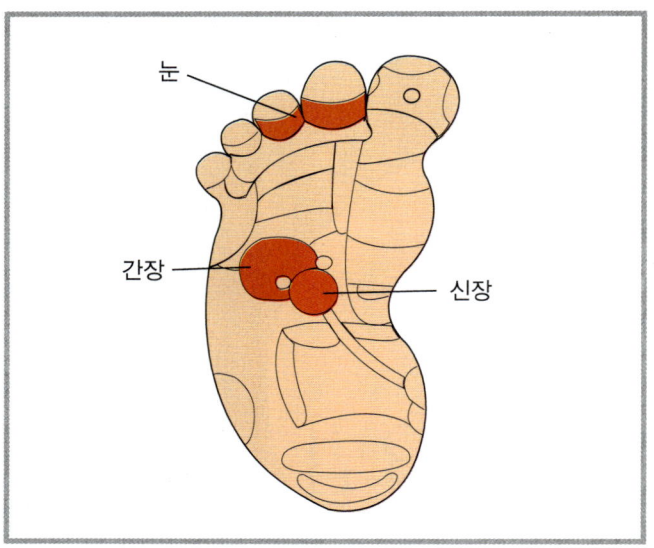

증상·원인

지나치게 책을 보거나 텔레비전을 많이 보다가 갑자기 시력이 떨어지면 가성근시로 생각해도 좋다. 근시는 치료되지 않는다고 생각하고 있으나 가성근시의 단계에서 치료하면 대부분 원래대로 회복할 수 있다.

Massage 시간

4~5분

방 법

봉회전압박법, 모지시지압박유념법, 수권압박법

효 과

가성근시에 매우 효과가 있는 곳은 발 내측의 두번째 발가락과 세번째 발가락 부근의 눈 부분이다.

 눈에는 결명자, 냉이, 구기자, 전복죽도 큰 도움을 준다.

가슴앓이 · 트림

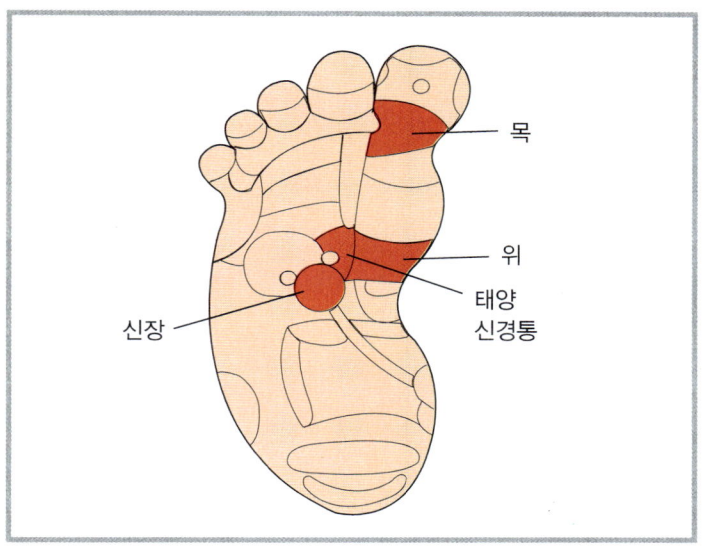

목

위

태양
신경통

신장

증상 · 원인

가슴앓이는 주로 위산 과다 및 위로 들어온 음식물이 식도로 역류하는
증상으로 위 중앙의 압력이 높은 것 등이 원인으로 나타난다.

Massage 시간

3~4분

방 법

봉회전압박법, 모지압박법, 첨지압박법, 모지진동법

효 과

매우 효과가 있는 곳은 발 안쪽의 중심부에 있는 위, 신장, 태양신경
통부 등의 부분이다.

간장병

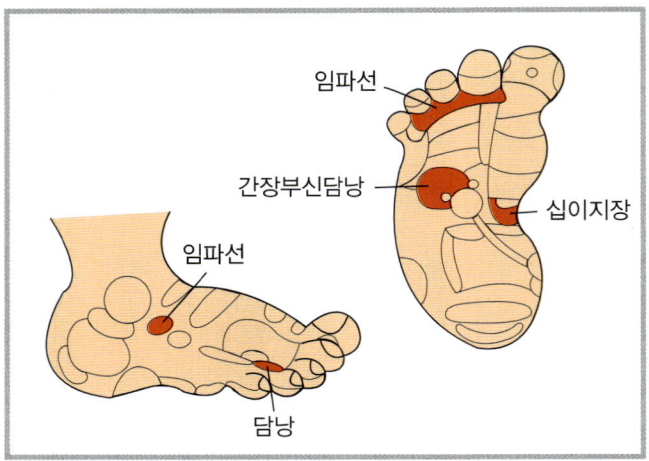

증상 · 원인

전신이 나른함을 느끼고 식욕이 떨어진다든지 매슥거리면 간장병이다. 초기 증상은 감기와 매우 유사하게 나타난다. 손바닥의 새끼 손가락이 진한 핑크색을 띠고 있으면 간장병을 의심해 본다.

Massage 시간

3~5분

방 법

봉회전압박법, 봉좌우압박법, 모지압박법, 수권회전압박법

효 과

간장병에 매우 효과가 있는 곳은 발 내측의 간장, 부신, 담낭, 임파선, 십이지장, 뇨관, 방광 부분이다.

> **상식** 간은 체내에서 가장 중추역할을 하는 장기로 이것이 없으면 하루도 생명을 유지할 수 없다. 최근 장기에 대한 관심이 집중되는 이유는 간염, 간경변, 간암 등의 질병이 발생하나 확실한 치료법이 개발되지 못한 상태이기 때문이다. 간은 1,600g의 크기로 영양분을 저장, 합성, 분해하며 독성물질, 대사산물을 배설처리하는 신진대사의 중추기관이다.

감 기

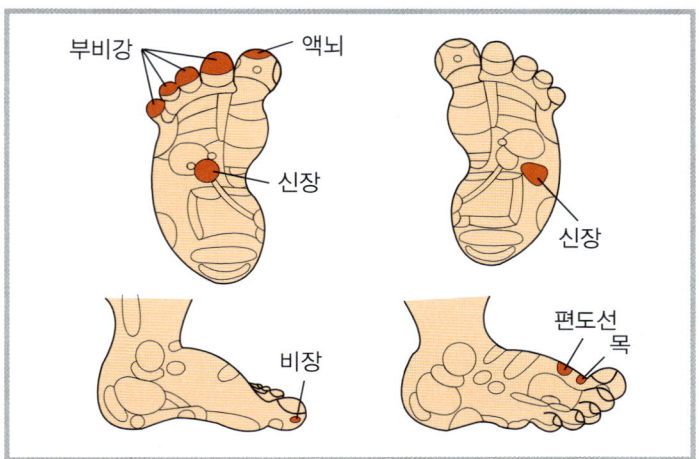

증상·원인

처음은 코감기, 목감기 등으로 시작하는 감기도 시간이 경과함에 따라 발열, 두통, 요통, 관절통, 설사, 구토 등의 증상을 동반하는 경우가 많다. 이러한 감기의 주원인은 피로, 기후 변화에 의한 자극, 또한 바기러스 및 세균의 감염에 의한 것으로 추정된다.

Massage 시간

4~6분

방 법

봉회전압박법, 모지시지압박유념법, 지두압박법

효 과

감기에 매우 효과가 있는 곳은 발 안쪽의 복부, 편도선부, 신장부, 코, 부비강부다.

상식
감기는 계절에 관계없이 찾아오는 불청객으로 특별한 치료약이 없다. 예방이 최선이며 감기 증상이 있으면 산수유를 끓여 마신다. 산수유는 원기를 돋우며 정액을 보충하는 강장제이기도 하다.

79

갱년기 장애

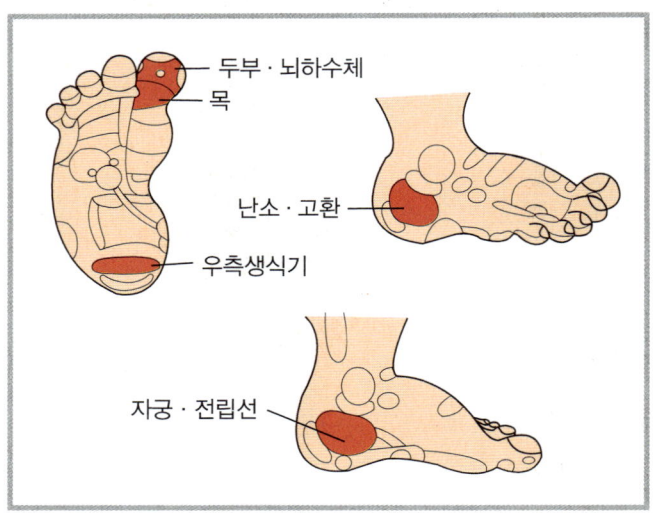

두부·뇌하수체
목
난소·고환
우측생식기
자궁·전립선

증상·원인

월경이 끝나가는 45세부터 50세경에 걸쳐서 일어나는 갱년기 장애는 정신적, 육체적으로 매우 고통스러운 질병이다. 갱년기 장애는 난소활동의 쇠퇴 및 호르몬의 균형이 무너져 자율신경이 혼란스러워 일어난다. 두통, 어깨의 뻐근함, 요통, 팔 및 손가락의 저림, 두근거림, 헐떡임, 불면, 식욕부진 등 세상의 질병을 한 몸에 짊어지고 있는 듯한 증상이 갱년기 장애다.

Massage 시간

5~10분

방 법

봉대각선압박법, 모지압박법, 모지시지압박법

효 과

갱년기 장애에 매우 효과가 있는 곳은 발 안쪽의 엄지 발가락에 있는 두부, 뇌하수체, 목, 발꿈치에 있는 생식기 그리고 바깥쪽 복사뼈의 아래에 있는 자궁과 난소 부분이다.

거친 피부

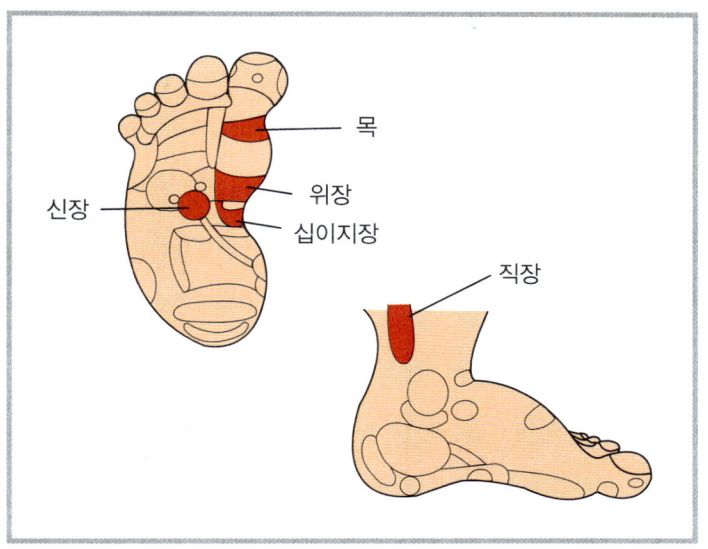

목

신장

위장

십이지장

직장

증상 · 원인

안색이 나쁘고 살갗이 꺼칠꺼칠해지거나 얼굴에는 여드름과 같은 것이 전체에 퍼져있는 경우가 있다. 살갗이 거칠어짐은 위장의 컨디션 및 피로 등을 나타낸다. 불규칙한 생활 및 식사, 음주, 짙은 화장 등이 주된 원인이다.

Massage 시간

2～4분

방 법

봉타법, 봉압박법, 모지압박법, 첨지법

효 과

살갗이 거칠어짐에 매우 효과가 있는 곳은 발 내측부의 갑상선부, 위부, 십이지장부, 신장부다. 갑상선은 호르몬의 분비를 왕성하게 한다.

고혈압

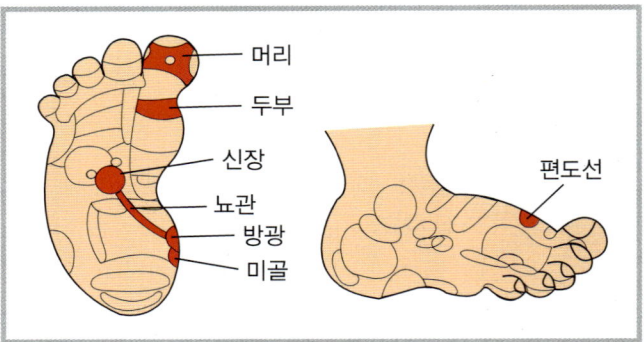

머리
두부
신장
뇨관
방광
미골
편도선

증상 · 원인

WHO(세계보건기구)에서는 연령, 성별에 관계없이 수축기 혈압이 160mmHg이고, 확장기 혈압이 95mmHg 이상이면 고혈압으로 규정했으며 반드시 뇌졸중이 된다고 말할 수는 없으나 위험하다고 보고하고 있다. 고혈압에는 신장질환 및 호르몬 이상, 혈관의 이상 등이 원인으로 일어나는 속발성 고혈압과 일반적으로 많이 일어나는 본태성 고혈압이 있다.

Massage 시간

3~6분

방 법

지두 압박법, 봉 회전 압박법, 수권 대각선 압박 유념법

효 과

고혈압에 매우 효과가 있는 곳은 발 안쪽의 신장, 부신, 뇨관, 방광, 목, 편도선부다.

상식
고혈압은 정체불명의 질병으로 유전적인 요인이 많은데 개인적인 식습관과도 밀접한 관계가 있는 것으로 알려져 있다. 염분의 섭취, 고지방식, 비만, 과식, 과음 등의 영양상태 그리고 흥분, 과로, 긴장 등의 정신상태가 고혈압의 원인이 된다. 고혈압에는 진도 홍주와 미역, 구기자, 식초, 유자가 좋다.

냉기증

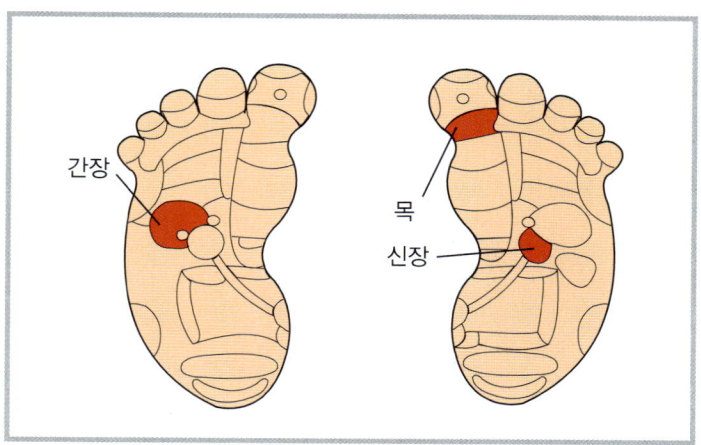

간장

목

신장

증상 · 원인

냉기증은 특히 여성에게 많이 나타나는 증상이다. 허리, 손, 발 등기 부분적으로 차가우며, 그 원인으로는 빈혈, 자율신경 실조증, 운동부족, 불완전 호흡, 편식 등이다.

Massage 시간

2~4분

방 법

수직압박법, 모지회전압박법, 모지첨지법

효 과

냉기증에 매우 효과가 있는 곳은 발안쪽의 갑상선, 부신, 심장, 신장, 간장, 방광, 목의 부분이다. 신장은 노폐물을 배출시키는 역할을 하는 것으로 냉기증의 치료에서 중요한 곳이다.

눈의 피로

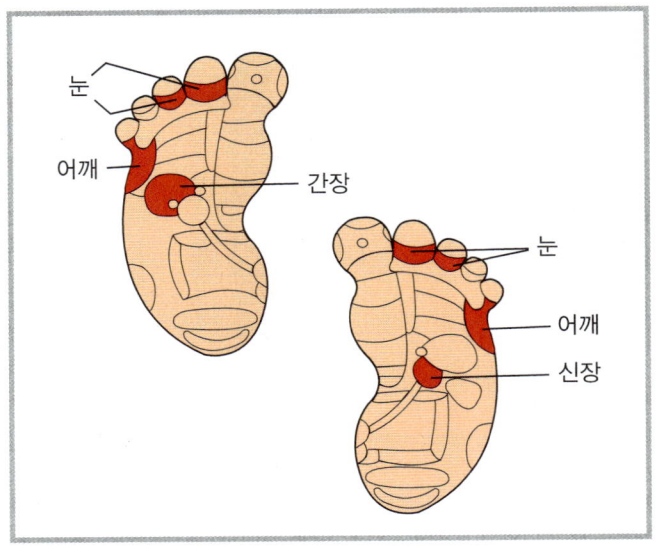

증상 · 원인

눈이 침침해지고, 눈부시며, 따갑고, 물체가 이중으로 보이고, 눈 안이 아프고, 눈물이 나오며, 시력이 떨어지는 등 눈이 피로할 때가 많다. 그 뿐만 아니라 두통 및 현기증, 어깨의 뻐근함, 트림 및 구역질까지 일으키는 것이 눈의 피로다.

Massage 시간

3~5분

방 법

봉압박법, 모지압박유념법, 회전압박법, 모지첨지법

효 과

눈의 피로에 매우 효과가 있는 곳은 발 내측의 눈, 신장부, 오른발 안쪽에 있는 간장부 그리고 어깨. 눈의 건강은 내장의 영향을 받기 때문에 신장 및 간장 부분을 적절히 비비거나 누르면 매우 효과가 있다.

당뇨병

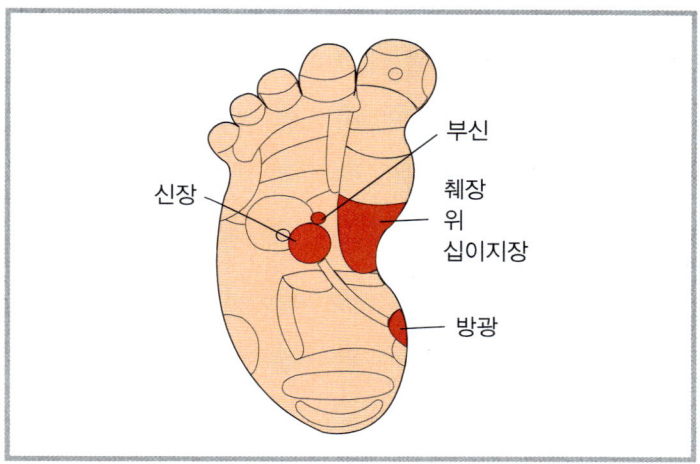

부신
쵀장
위
십이지장

신장

방광

증상 · 원인

비만 타입의 사람에게서 당뇨병이 많이 나타난다. 폭음, 폭식으로 인해 당뇨병이 유발되므로 비만의 징조가 있는 사람은 주의해야 한다. 증상은 다뇨, 갈증, 다음, 다식, 체중 감소, 전신 권태, 신경통 등이다.

Massage 시간

3~5분

방 법

봉회전압박법, 봉대각선압박법, 수권회전압박법

효 과

당뇨병에 매우 효과가 있는 곳은 발 내측의 쵀장, 위, 십이지장, 신장, 방광, 부신이다.

상식

당뇨병을 일으키는 6대 요소는 음식의 무절제, 정서적 불안정, 과로와 과색, 음주와 약물남용, 병후 쇠약과 질병에 대한 혈액부족, 기후기상의 부조화다. 당뇨병에는 단호박이나 초두(콩을 식초에 7일간 담근 것), 미꾸라지 두부탕이 좋다. 당뇨병의 3대 증상은 다음, 다식, 다뇨이며, A형이 O형보다 1.6배의 발병율이 높은 특징이 있다.

두 통

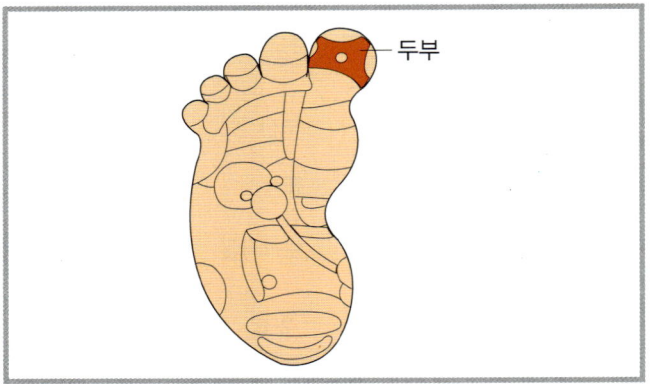

두부

증상 · 원인

머리가 욱신욱신 쑤시고 무거우며 집중력 및 사고력이 떨어지고 정신적
스트레스가 가중되면 두통 및 편두통이 발생한다.

Massage 시간

2~3분

방 법

봉압박법, 회전압박법, 수직압박법

횟 수

3~5회

효 과

두통에 매우 효과가 있는 곳은 두부 부분으로 이 곳을 적절히 자극
하면 머리가 상쾌해지고 사고력 및 집중력이 증강되므로 정신적 스트
레스 해소에 큰 효과를 준다.

상식 두통을 예방하거나 머리를 맑게 하려면 차게 유지시켜 주고 충분한 휴식과
여유있는 산책이 좋다. 또한 냉증에서 오는 두통은 말린 쑥을 끓여 마시는 것
이 좋으며 편두통에는 연근 생즙이 효과적이다.

만성요통

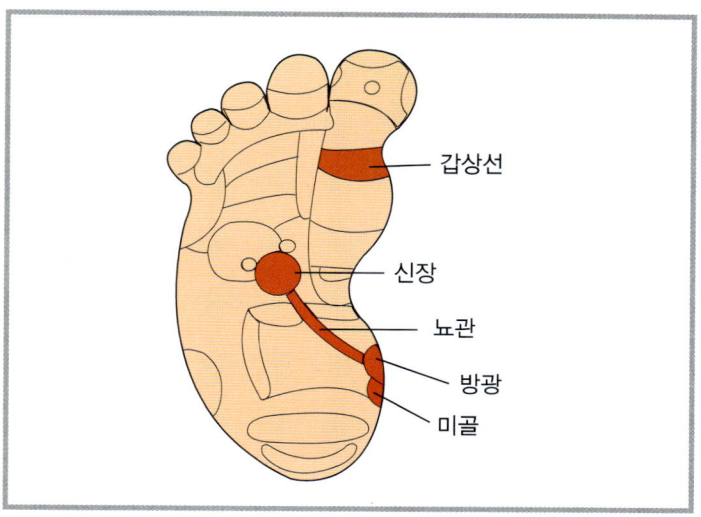

갑상선

신장

뇨관

방광

미골

증상 · 원인

만성요통은 아침에 일찍 일어날 때, 밤중에 화장실에 갈 때, 허리에 불쾌감이 있어서 벌떡 일어나지 못한다. 요통은 뼈와 근육의 이상이 원인인 것과 내장 질환에 의한 것, 감기 및 생리통, 냉기증 등에 의해서 일어난다.

Massage 시간

2~3분

방 법

수직압박법, 대각선유념법, 회전압박법

효 과

매우 효과가 있는 곳은 발안쪽의 신장부와 방광, 뇨관부 그리고 미골부다. 신장, 방광, 뇨관의 부분은 엄지 발가락을 자극하고, 미골은 봉을 사용하여 강하게 압박하며 문지른다.

목의 뻐근함

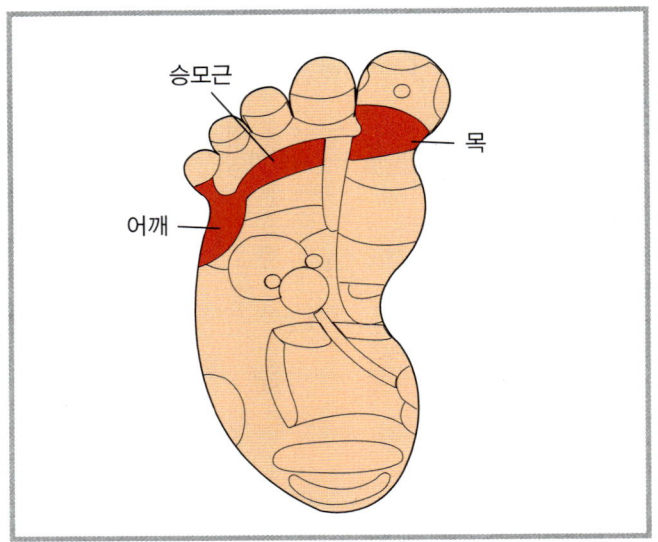

승모근

목

어깨

증상 · 원인

목이 심하게 아프면 구역질 및 치통도 동반한다. 육체의 과도한 긴장 및 혈액순환이 되지 않을 때 등의 원인으로 발생하는 증상이다. 방치해 두면 어깨와 팔의 통증 및 불면증, 간장 기능의 약화를 가져온다.

Massage 시간

1~2분

방 법

수직 • 회전압박법, 모지진동법, 첨지법

효 과

목의 뻐근함에 매우 효과가 있는 곳은 발의 승모근와 어깨와 목 부분이며, 목의 혈액순환 촉진과 두통 및 어깨 뻐근함에도 매우 효과적이다.

방광염

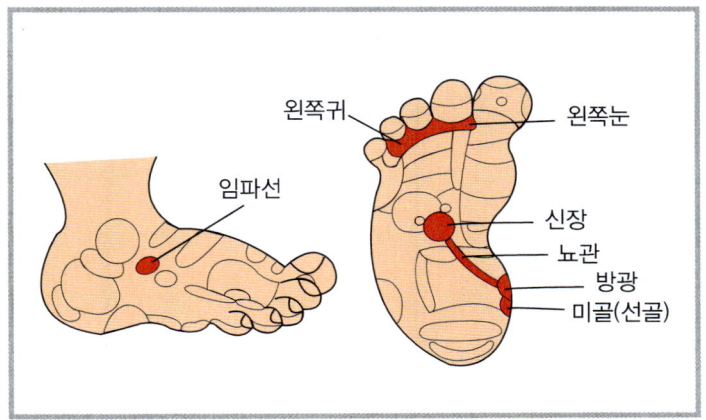

왼쪽귀
왼쪽눈
임파선
신장
뇨관
방광
미골(선골)

증상 · 원인

요도가 꽉 쥐어 짜여지듯 아픈 것이 방광염이다. 아픈 곳이 신체의 내부에 있어 눌러 볼 수도 없고 매우 고통스럽다. 심하면 혈뇨가 나오는 경우도 있다. 원인은 대장균 등의 세균감염이다. 특히 여성은 요도가 짧고 항문에 가깝기 때문에 대장균에 감염되기 쉽다. 또한 더위나 추위 등에 의해 걸리기 쉽고 만성화되기 쉬우므로 지나치게 하복부를 차갑게 하지 않도록 하고 뇨를 참지 말도록 한다.

Massage 시간

3~5분

방 법

봉좌우압박법, 봉대각선압박법, 봉수직압박법

효 과

방광염에 매우 효과가 있는 곳은 발 안쪽의 방광, 뇨관, 신장과 임파선 부분이다.

배뇨이상

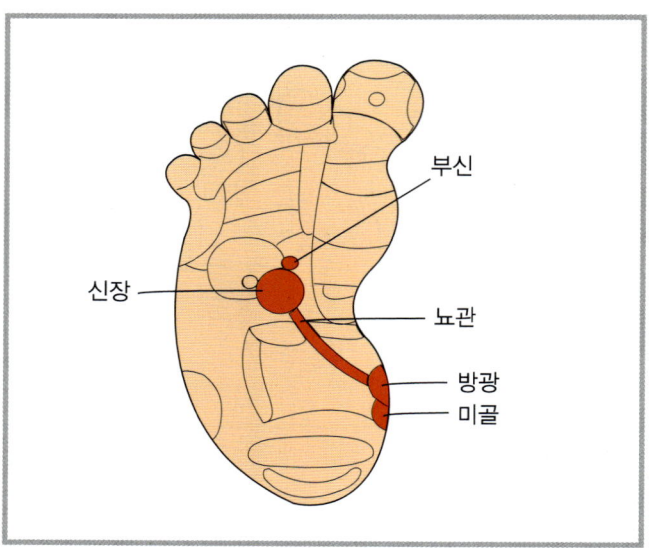

부신
신장
뇨관
방광
미골

증상 · 원인

뇨가 빈번하게 나온다든지 역으로 뇨가 나오지 않고 고통을 동반한다든지 하면 배뇨에 이상이 생겼다는 증거다. 그 중에서도 중 · 고령 여성에게 많이 나타난다. 원인은 심인성(心因性)이나 혹은 냉방 등에 의한 냉기(冷氣)도 관계가 있다. 비뇨계나 신경계를 치유하는 것이 중요하다.

Massage 시간

3~5분

방 법

봉회전압박법, 봉대각선압박법, 모지회전압박법

효 과

배뇨의 고민에 매우 효과가 있는 곳은 발 안쪽의 방광, 뇨관, 신장, 부신부다. 이 세 곳을 자극하면 치료 후 노폐물이 배출된다.

불면증

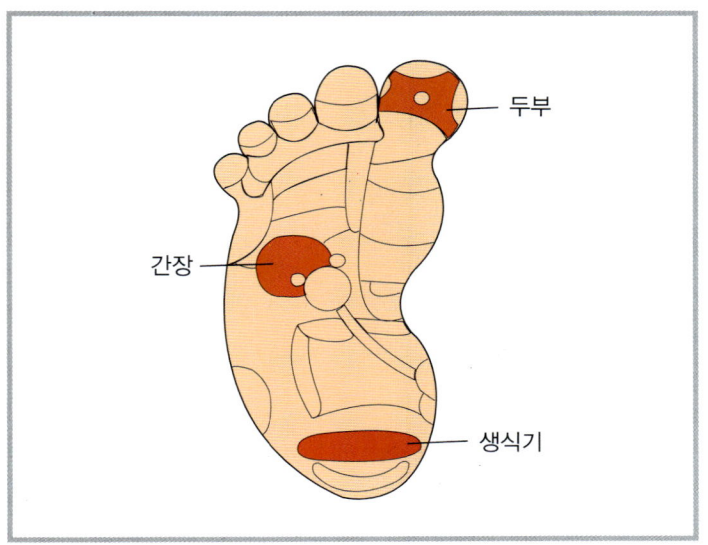

두부

간장

생식기

증상 · 원인

만성적으로 잠들지 못하는 불면증은 문명병의 일종이다. 원인은 노이로제, 자율신경 실조증, 우울증, 분열증 등 신경질적인 것이 원인으로, 대뇌가 이상 흥분해서 수면 장애를 초래하는 것이다.

Massage 시간

2~4분

방 법

모지압박유념법, 모지회전압박법, 첨지법, 봉압박법, 봉타법

효 과

불면증에 매우 효과가 있는 곳은 발 안쪽의 두부, 간장부, 생식기부다.

변 비

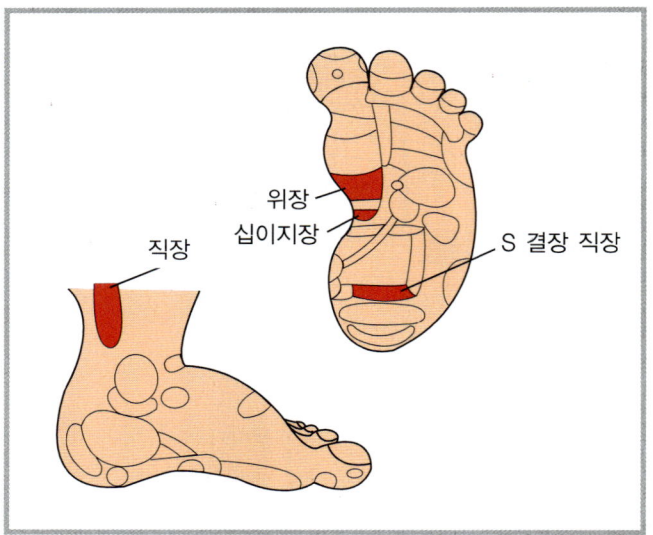

위장
십이지장
직장
S 결장 직장

증상 · 원인

변비는 만병의 근본으로 이완성 변비와 경련성 변비로 나뉜다. 이완성 변비는 장의 운동이 약해져 섭취한 음식물이 장에 정체하기 때문에 일어나며, 경련성 변비는 스트레스 등에 의해 장이 과민하게 반응하여 대장이 경련을 일으켜 나타나는 증상이다.

Massage 시간

3~5분

방 법

수직 및 회전압박법

횟 수

2~3회

효 과

변비에 매우 효과가 있는 곳은 발 안쪽의 위, 십이지장, 왼발 안쪽의 S결장부, 복사뼈 위에 있는 직장부다.

또한 변비에 효과적인 음식은 꿀과 참기름을 섞어 끓여 마시거나 우유에 꿀을 타 마셔도 좋다. 이 밖에도 알로에 술, 요구르트나 꿀, 우유도 효과적이다.

특히 임신 중이거나 월경 중, 치질, 위궤양 등이 있을 때는 '사막의 인삼' 이라 하는 육종용차를 마신다. 이 차는 체력을 보강시키는 데도 큰 특효가 있다.

변비는 네 가지로 그 원인이 나타나는데,

첫째는 장에 열이 쌓여 변비가 된 것으로 '열비' 라 하는데 구치가 있고 혀에 누런 태가 낀다.

둘째는 배가 차면서도 장기능 감퇴로 이어져 '냉비' 라 한다. 냉비는 변이 점성을 띠며 혀에 흰태가 낀다.

셋째는 신경성으로 습관적인 변비로 '기비' 라 한다. 이 기비는 생활환경에 따라 그 정도가 심해진다.

넷째는 몸이 허해져 변을 배출하기 어려워 생긴 것으로 '허비' 라 한다. 이 허비는 전신무력증과 권태를 동반한다.

비 만

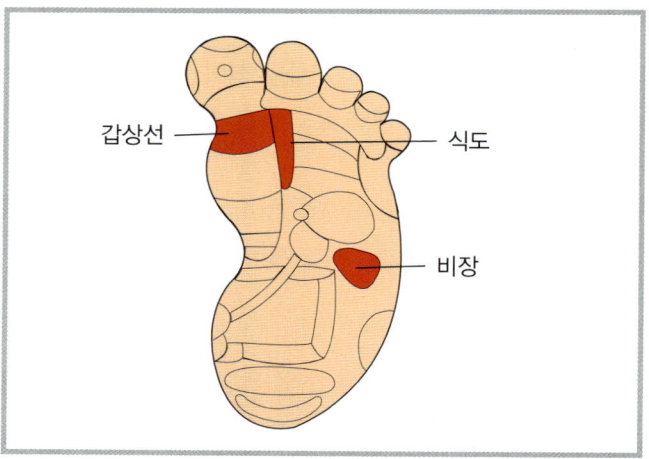

갑상선 — 식도

비장

증상 · 원인

젊은 여성이 지나치게 살쪄 있다면 아이를 가질 수 없고, 감정의 기복이 심하게 된다든지, 추운 날씨에도 불구하고 추위를 타지 않는다. 중년에는 심장병, 당뇨병, 고혈압 등 성인병에 걸리기 쉽다. 비만의 원인은 많이 먹는 것뿐만 아니라 칼로리의 지나친 섭취로 일어난다.

Massage 시간

4~5분

방 법

봉타법, 봉압박법, 모지회전압박법, 모지압박유념법

효 과

비만에 매우 효과가 있는 곳은 발 안쪽의 갑상선부, 식관부, 비장부다.

상식

비만을 해소하기 위해 단식이나, 약물을 복용하는 현대인이 늘어가는 실정이다. 이 방법은 위험천만한 생각이며, 잘못하면 생명을 잃을 수 있다. 평소의 생활 습관, 식습관, 운동습관을 건전하게 유지하면 큰 걱정을 하지 않아도 된다. 비만에 효과적인 음식은 채소, 버섯, 해조류, 콩, 두부가 좋다.

생리통 · 생리불순

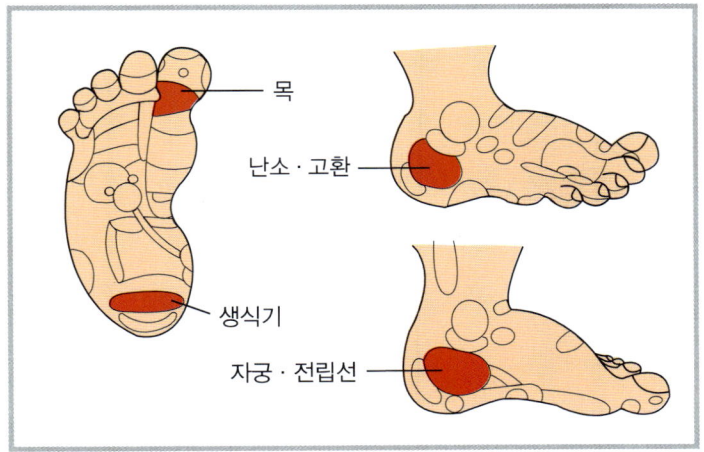

목

난소 · 고환

생식기

자궁 · 전립선

증상 · 원인

하복부의 통증, 두통, 요통, 구역질 등 고통스러운 증상을 동반하는 생리는 여성의 숙명이라고 말하며 귀찮은 존재다. 여성만이 지닌 생리통 및 생리불순은 대체로 호르몬의 불균형, 자궁의 발육 부족 등이 원인이다.

Massage 시간

3~5분

방 법

봉대각선압박법, 봉수직압박법, 모지회전압박법, 모지유념법

효 과

생리통 및 생리불순에 매우 효과가 있는 곳은 발등, 안쪽의 복사뼈와 바깥쪽 복사뼈의 아래에 있는 자궁과 난소, 발 안쪽의 목 그리고 칼 뒤꿈치에 있는 생식기 부분이다.

상식
생리통 및 생리불순에 효과적인 것은 당귀와 인삼을 배합하여 끓인 물, 우엉껍질이다. 특히 이 때는 산성식품을 피하고 술, 담배, 커피, 짠 음식은 금물이다.

설 사

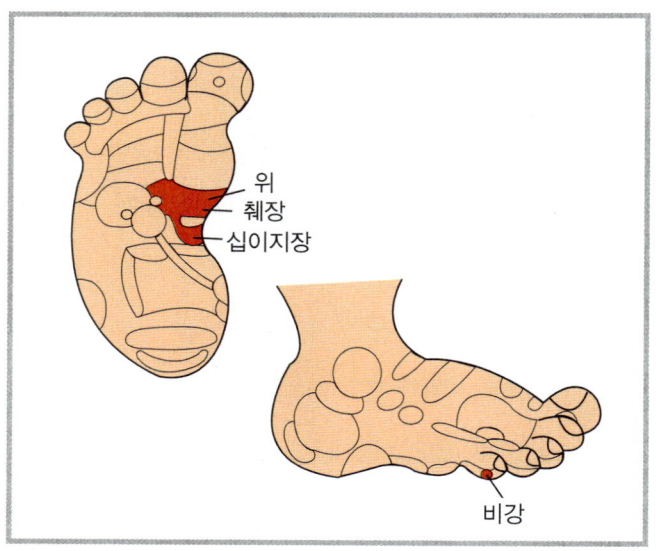

위
췌장
십이지장

비강

증상 · 원인

설사의 원인은 장의 운동이 과민하게 되어 수분이 장으로 흡수되기 전에 배설되어 버린다든지 장 자체의 수분 흡수 능력이 저하되어 나타나는 현상이다.

Massage 시간

3~5분

방 법

수직 · 회전압박법, 경찰법

효 과

설사에 매우 효과가 있는 곳은 발 안쪽의 위, 췌장, 십이지장이며, 새끼 발가락의 비강부다.

숙취 · 악취

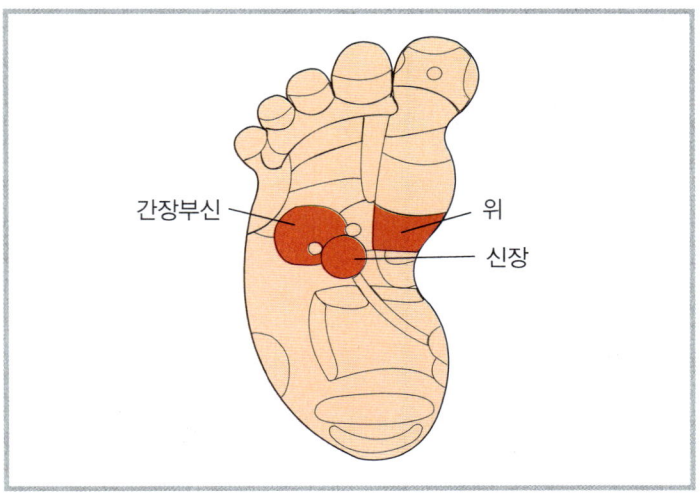

간장부신   위

신장

증상 · 원인

즐겁게 마시는 술도 적당량을 초과하면 위가 뒤집힐듯한 구역질과 설사, 비지땀을 흘리게 된다. 숙취의 아침은 탈수 증상에 의한 갈증 및 두통, 전신의 무력감으로 나타난다.

Massage 시간

3~5분

방 법

봉회전압박법, 봉수직압박법, 첨지법, 타법

효 과

숙취, 악취에 효과가 있는 곳은 발 안쪽의 간장, 위와 신장의 부분이다.

상식

숙취 후의 갈증, 구토, 두통에는 생수 한 잔에 식초를 3~4스푼을 넣어 섞어 마시면 말끔히 신속하게 해결된다. 또한 오이지나 콩나물, 칡뿌리, 북어, 인삼, 부추가 좋다. 참고로 1일 술의 최대 허용량을 체중 1㎏ 당 순수알콜 0.7㎎ 이하이며 술을 마시면 간이 회복할 시간이 필요한데 그 휴식기는 3일 이상이다.

97

신경통

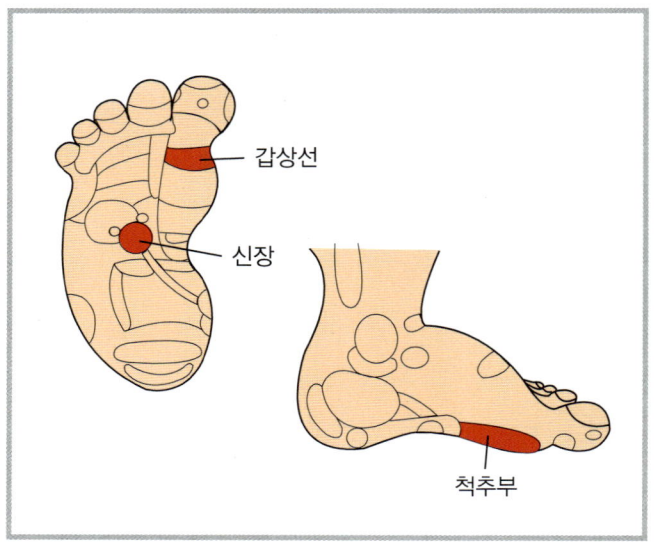

갑상선

신장

척추부

증상 · 원인

처음에는 발작적인 통증을 느끼고 계속되면 신경통으로 진행된다. 여성의 좌골 신경통은 냉기증이나 생리통으로 발전한다. 이러한 상태로 임신하게 되면 미숙아 및 허약체질이 되기 쉽고 난산으로 고생할 수도 있다.

Massage 시간

2~4분

방 법

수직압박법, 모지회전압박법, 모지첨지법

효 과

신경통에 매우 효과가 있는 곳은 오른쪽 발 안쪽의 갑상선, 신장 부분이다. 신장은 노폐물을 배출시켜 신경통을 억제해 주고 체질을 개선시켜 준다. 또한 신경통에 효과가 있는 곳은 왼쪽발 안쪽의 척추부다.

신장병

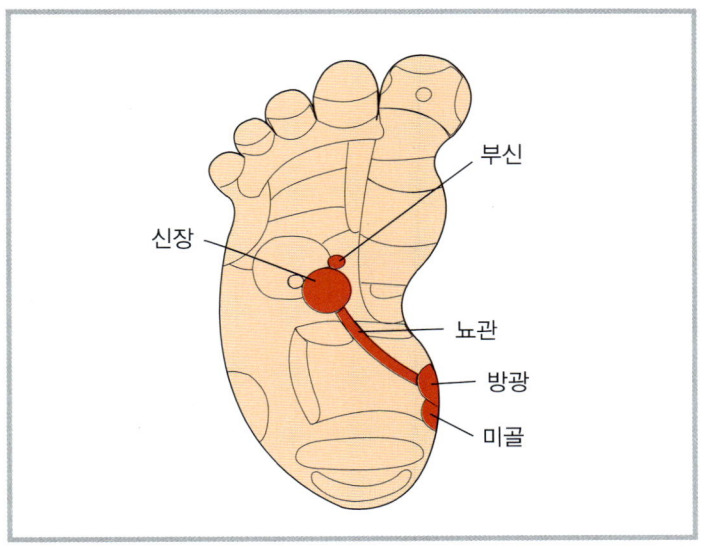

부신
신장
뇨관
방광
미골

증상 · 원인

혈뇨 및 부종, 혈압 상승 이외에 나른함, 집중력 저하, 더위와 추위에 대한 저항력 저하 등의 증상을 동반하는 것이 신장병이다. 예전에는 여성에게 많은 질병으로 알려져 왔으나 최근에는 비즈니스맨들의 스트레스 증가와 보행 부족으로 신장병에 걸리는 비율이 높아지그 있다.

Massage 시간

3~5분

방 법

봉회전압박법, 봉대각선압박법, 수권회전압박법

효 과

매우 효과가 있는 곳은 발 안쪽의 방광, 뇨관, 신장부, 부신 부분이다.

심장병

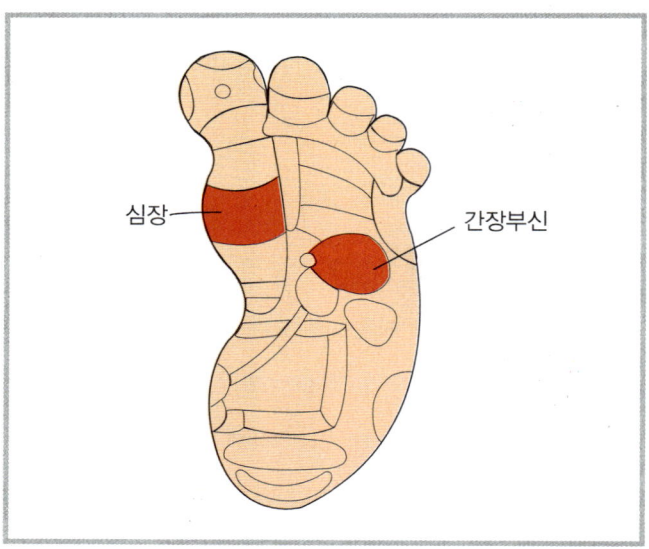

심장

간장부신

증상 · 원인

심장이 꽉 졸리는 듯한 발작을 일으키는 협심증, 이것이 더욱 진행되어
일어나는 것이 심근경색이다. 특히 심근경색은 쇼크 상태로 빠지고
그대로 사망하는 경우도 적지 않다.

Massage 시간

4~6분

방 법

봉회전압박법, 봉대각선 압박법, 수권회전압박법, 타법

효 과

심장병에 매우 효과가 있는 곳은 발 안쪽의 심장, 심장 조직부다.

야뇨증

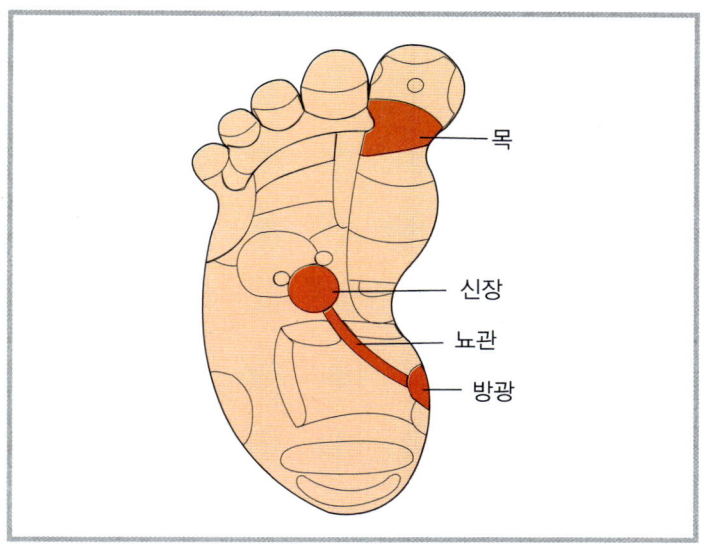

목

신장

뇨관

방광

증상 · 원인

일반적으로 초등학교 저학년 이상의 오줌싸개를 야뇨증이라고 말하며, 5~6세까지는 질병이 아니다. 대개는 학교에 들어갈 무렵까지는 자연스럽게 치료가 되나 성인이 되어서도 야뇨증으로 고민하는 사람이 적지 않다.

Massage 시간

3~5분

방 법

봉수직압박법, 봉회전압박법, 봉대각선압박법

효 과

야뇨증에 매우 효과가 있는 곳은 발 안쪽의 방광, 뇨관, 신장, 목 부분이다.

어깨의 뻐근함

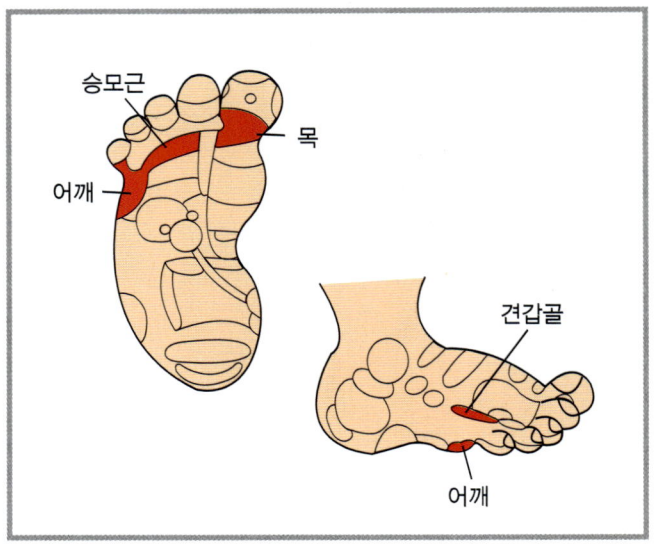

증상 · 원인

서양인에 비해 동양인에게 많이 나타나는 증상으로 방치해 두면 큰 질병으로 발전되므로 가능한 초기에 치유하도록 한다. 원인으로는 자세의 불균형 및 고혈압, 빈혈, 오십견이며, 안경이 맞지 않아도 이런 증상이 나타난다.

Massage 시간

2~3분

방 법

수직회전압박법, 모지좌우진동법

효 과

어깨의 뻐근함 및 묵직함을 해소하고, 목, 승모근, 견갑근의 통증해소 에도 매우 효과적이다.

위궤양

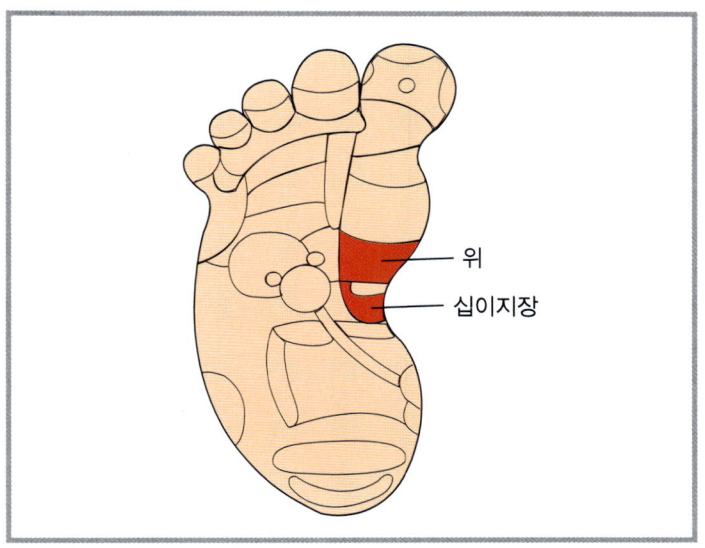

위
십이지장

증상 · 원인

갑자기 쿡쿡 찌르는 듯한 통증이 있고, 식사 후 2~3시간이 지나 위가 아프면 위궤양이다. 원인은 신경성이 많고 욕구 불만, 불안, 스트레스 등이 있다.

Massage 시간

4~5분

방 법

봉회전압박법, 봉좌우압박법, 봉수직압박법

효 과

위궤양에 매우 효과가 있는 곳은 발 안쪽의 십이지장과 위부다.

이 명

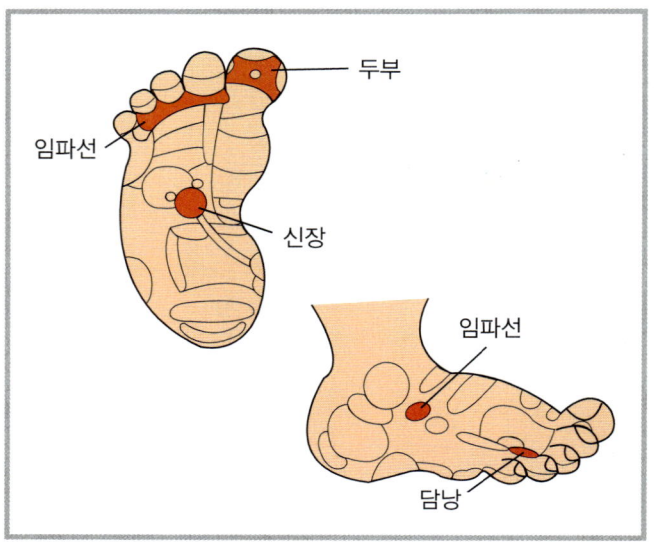

두부

임파선

신장

임파선

담낭

증상 · 원인

이명은 귀가 윙윙거리고 머리 속에 곤충이 들어가 울고 있는 듯한 것, 잠들기 전에 표현 못할 소리들이 들려오는 것 등의 증상이 나타난다. 원인은 청각 신경계의 장해며, 의사에게 가더라도 치료가 불가능한 것이 많고 현대의학으로 풀리지 않는 질병 중의 하나다.

Massage 시간

3~4분

방 법

모지압박법, 봉회전압박법, 모지진동법

효 과

이명에 매우 효과가 있는 곳은 발 안쪽의 이부, 두부, 임파선, 신장, 내이부다.

임포턴트

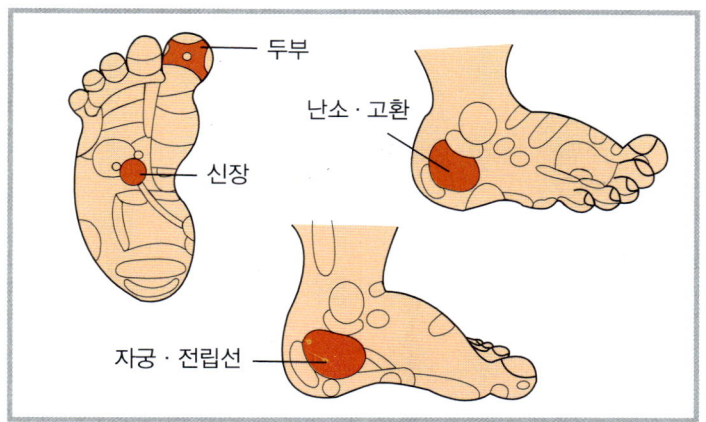

두부
난소 · 고환
신장
자궁 · 전립선

증상 · 원인

임포턴트를 동양의학에서는 양부기라고 말하며 역시 현대 의학으로도 해결할 수 없는 문제다. 이 양부기가 뇌 및 척수 등의 중추신경 손상에 의한 것이라면 어쩔 수 없으나, 정신적 스트레스 및 기능의 노화에서 오는 문제라면 마사지 요법으로도 충분히 회복이 가능하다.

Massage 시간

3~5분

방 법

봉수직압박법, 봉회전압박법, 모지회전압박법

효 과

임포턴트에 매우 효과가 있는 곳은 발 안쪽의 목, 신장, 고환, 전립선, 부신 부분이다. 또한 엄지 발가락을 회전시키면 혈액순환이 좋게 되고 정신적 안정에도 큰 도움이 된다.

상식 임포턴트에 효과적인 음식은 연뿌리로 기초 체력을 튼튼히 하고 세포에 활력을 주며 체내의 노폐물과 독소를 걸러내고 저항력을 키우며 스테미너를 증상시킨다. 이 외에도 정자생성에 필요한 성분인 호박씨와 양파, 송이버섯이 좋다.

자율신경 실조증

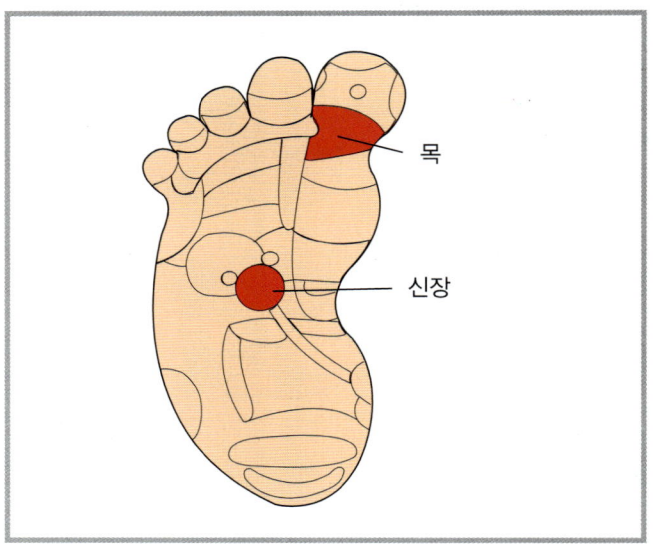

목

신장

증상 · 원인

미열이 계속되고, 머리가 아프고 현기증 및 구역질을 불러 일으키는
등 여러 가지의 부조화가 나타나면 자율신경 실조증의 증상이라 할
수 있다. 자율신경 실조증은 정신적인 스트레스로 인해 걸리며, 최선
의 방법은 마음을 집중하는 것이다.

Massage 시간

4~5분

방 법

수직압박법, 수권유념진동법, 봉회전압박법

효 과

자율신경 실조증에 매우 효과가 있는 곳은 발 안쪽의 목과 신장부다.
신장부는 오래 비벼주고, 목은 강하게 마사지한다.

저혈압

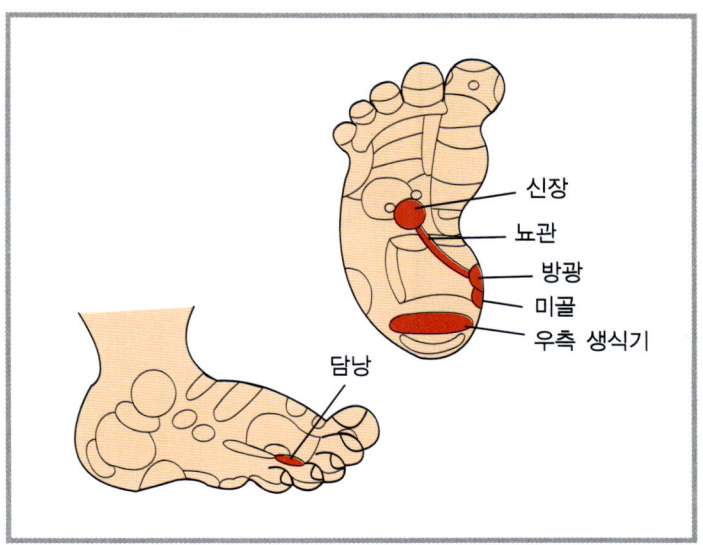

신장
뇨관
방광
미골
우측 생식기
담낭

증상 · 원인

수축기 혈압이 95mmHg 이하의 경우를 저혈압이라고 한다. 고혈압의 경우와 달리 생명의 위험으로 연결되는 경우는 적으나 쉽게 피곤하거나 현기증 및 이명이 있거나 식욕이 없고 손발이 차가운 증상을 동반한다.

Massage 시간

4~5분

방 법

모지유념법, 봉압박법, 모지첨지법, 봉회전압박법

효 과

저혈압에 매우 효과가 있는 곳은 발 안쪽의 신장, 뇨관, 방광, 귓속이다.

정력감퇴

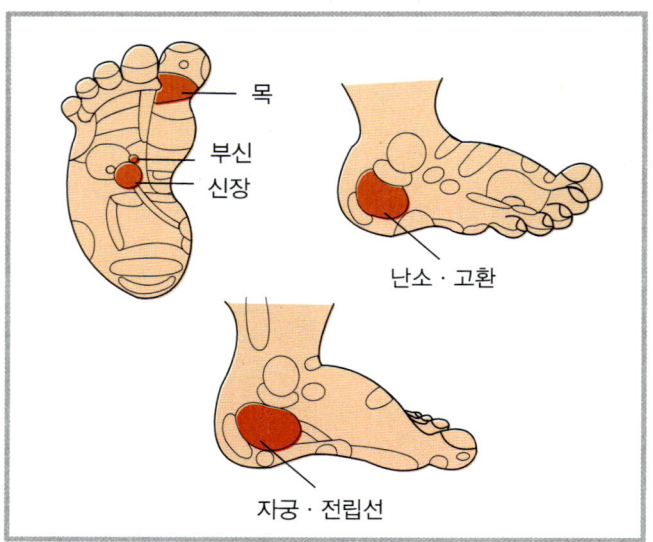

목
부신
신장
난소 · 고환
자궁 · 전립선

증상 · 원인

중년으로 접어들면서 정력에 관한 문제로 고민하는 사람이 많이 늘어 난다. 정력은 곧 생명력이라 할 만큼 정력이 왕성한 사람은 일의 자신 감도 넘치게 마련이다. 정력을 강화해서 생명력을 쌓아가도록 한다.

Massage 시간

2~4분

방 법

모지회전압박법, 모지두압박법, 모지첨지법, 봉수직압박법

효 과

정력감퇴에 매우 효과가 있는 곳은 발 안쪽의 방광, 신장, 전립선, 고환 부분이다. 방광, 뇨관, 신장은 최초로 치료하는 부분으로 특히 신중하게 자극해야 한다.

조루증

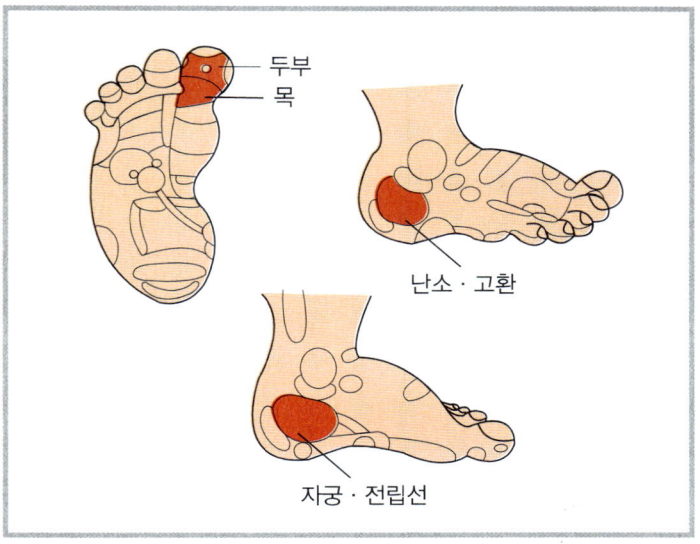

두부
목

난소 · 고환

자궁 · 전립선

증상 · 원인

조루와 임포턴트는 원인이 대부분 마음에 있다는 점에서 매우 유사
하다. 조루는 치료가 가능하며 편안한 마음가짐이 무엇보다 중요하다.

Massage 시간

3~5분

방 법

봉압박법, 모지회전압박법, 모지압박법, 모지첨지법

효 과

조루에 매우 효과가 있는 곳은 발 안쪽의 두부, 신장, 전립선, 고환
부분이다.

지나친 깡마름(여윔)

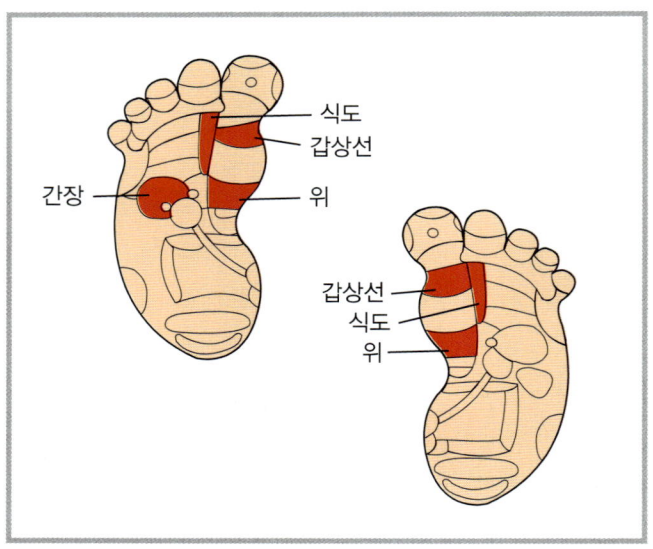

증상 · 원인

젊은 여성에게 많이 나타나는 증상으로 살찌는 것에 두려움을 느껴 신경성 식욕부진에 빠지는 경우도 있다. 이 상태를 방치해 두면 모든 식사를 받아들이지 않는 거식증이 된다든지, 역으로 식욕을 담당하는 신경이 파괴되어 먹을 것이 나오면 그만두지 못하는 다식증이 될 수 있다.

Massage 시간

2~5분

방 법

봉타법, 봉압박법, 모지회전압박법, 모지압박법

효 과

깡마름에 매우 효과가 있는 곳은 발 안쪽의 갑상선부, 식관위, 간장부다. 갑상선부는 몸이 살찐다든지 여윈다든지 하는 것에 영향을 준다.

차멀미

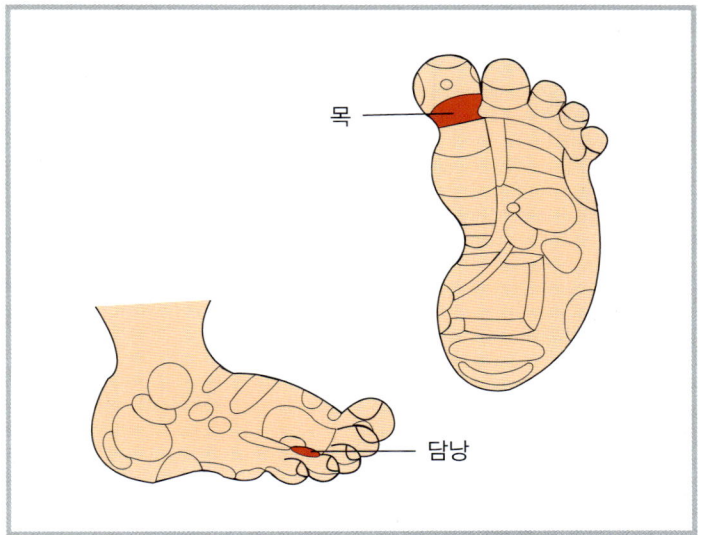

목

담낭

증상 · 원인

차나 배에 타면 기분이 나쁘고 이마 및 겨드랑이 아래에 땀이 흐르고 위장 속의 음식물을 토해내는 경우가 있다. 원인은 대부분 귓속 내이에 있다. 귓속의 평형감각에 이상이 일어나고 자율신경 중추가 흥분했기 때문에 일어나는 증상이 차멀미다.

Massage 시간

3~5분

방 법

봉회전압박법, 모지유념법, 첨지법

효 과

차멀미에 매우 효과가 있는 곳은 발 내측의 목과 귓속의 부분이다. 특히 어린이의 경우는 승차하기 30분 전 이 부분을 부드럽게 마사지 한다.

천 식

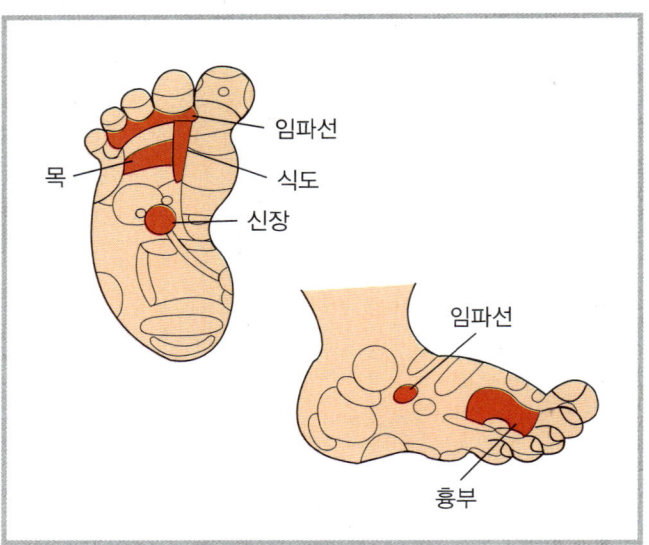

증상 · 원인

천식은 공기가 폐를 출입하는 것이 방해되어 호흡 곤란을 일으킨다. 먼지 및 꽃가루, 포자, 동물의 털 그리고 음식의 알레르기 등에 의해서 일어나는 의인성 천식과 감염 및 한랭에 의해서 일어나는 내인성 천식이 있다.

Massage 시간

3~5분

방 법

봉회전압박법, 모지측첨지법(側尖指法), 모지첨지법, 봉대각선압박 유념법

효 과

천식에 매우 효과가 있는 곳은 발 내측의 폐, 기관지, 목, 갑상선, 흉부다.

치 통

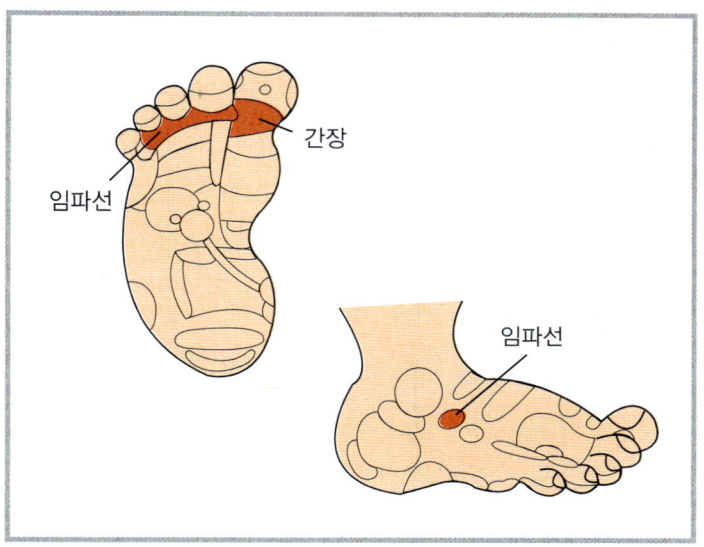

임파선

간장

임파선

증상 · 원인

치통은 생명과 직접적인 관계가 있는 질병은 아니다. 그러나 정신적인
스트레스를 주며, 신경통을 유발하는 질병으로 조기 치료가 중요하다.

Massage 시간

3~5분

방 법

수직압박법, 회전유념법, 모지진동법

효 과

치통에 매우 효과가 있는 곳은 엄지 발가락 상반에 있는 양쪽 턱, 발
안쪽의 목, 임파선이다. 임파선은 염증을 일으키는 세균의 저항력을
가지고 있기 때문에 중요한 역할을 한다.

코막힘

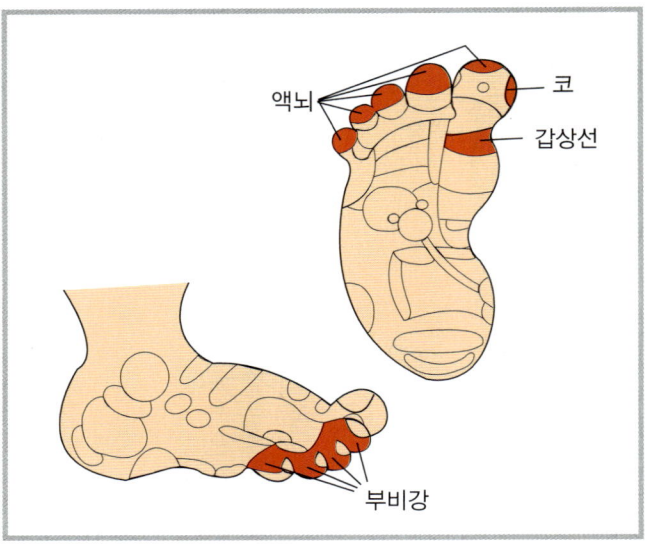

액뇌

코

갑상선

부비강

증상 · 원인

코가 막히면 산소 부족으로 흡기와 환기가 정상적으로 이루어지지 않는다. 코가 막히면 학습 능률이 떨어지고 집중력이 저하되며 건망증이 동반된다. 원인에 따라 축농증, 콧구멍에 생기는 종양, 비후성 비염, 만성 비염, 급성 비염 등이 나타나며, 수면 부족으로 머리가 무겁게 되어 코막힘이 나타난다.

Massage 시간

2~4분

방 법

봉압박법, 봉회전압박법, 수권회전압박법, 첨지법

효 과

코막힘에 매우 효과가 있는 곳은 발가락에 있는 코와 부비강부 및 갑상선부다.

코 피

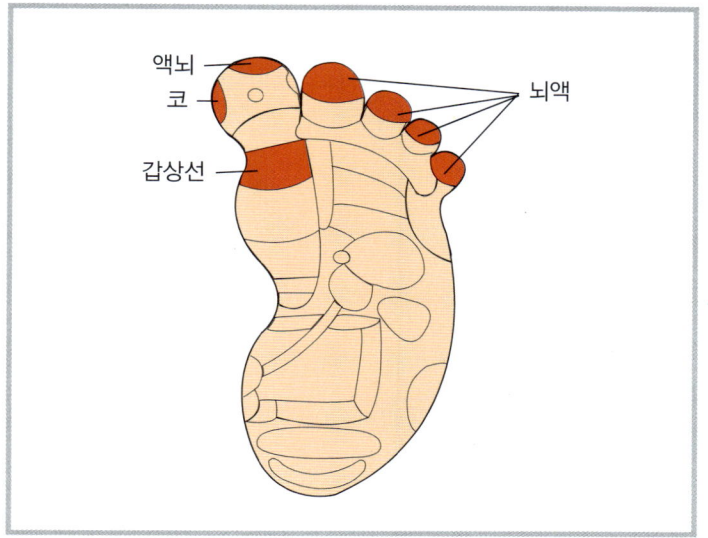

증상 · 원인

코피의 원인은 비충격으로 일어나는 경우가 많다. 여기는 모세혈관이 많으며 점막이 얇고 그 아래가 바로 연골이므로 대수롭지 않은 충격에도 찢어지기 쉽다. 코피가 나면 머리를 위로 향하게 한다고 생각하는 사람들이 많으나 이것은 오히려 위험하다. 혈액이 콧구멍의 안으로 흘러 고이거나 응고되어 호흡 곤란을 일으킬 수도 있다.

Massage 시간

2~3분

방 법

수직압박법, 좌우압박유념법, 봉회전압박법

효 과

코피에 매우 효과가 있는 곳은 발 내측의 코, 갑상선, 부신이다.

탈모증

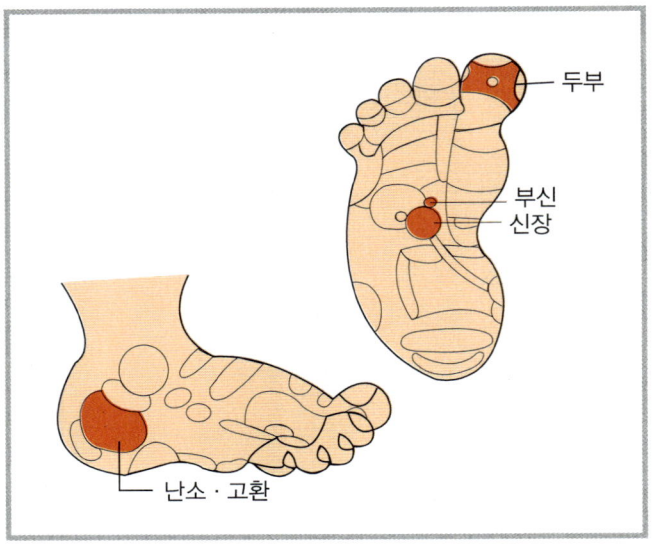

두부
부신
신장
난소 · 고환

증상 · 원인

정상적인 사람이라도 하루에 50개 정도는 두발이 빠지며 이것은 생리적인 현상으로 걱정할 필요가 없다. 병적인 것은 원형 탈모증 및 젊은 나이에 대머리가 되는 증상이다. 탈모증은 정신적 긴장에 의한 스트레스가 주원인이다.

Massage 시간

3~5분

방 법

봉압박법, 모지압박법, 첨지법, 모지유념법, 수권회전압박법

효 과

탈모증에 매우 효과가 있는 곳은 발 안쪽의 갑상선, 신장, 고환, 두부, 부신부다. 신장과 부신은 전체를 자극할 때 약간 길게 자극한다.

편도선염

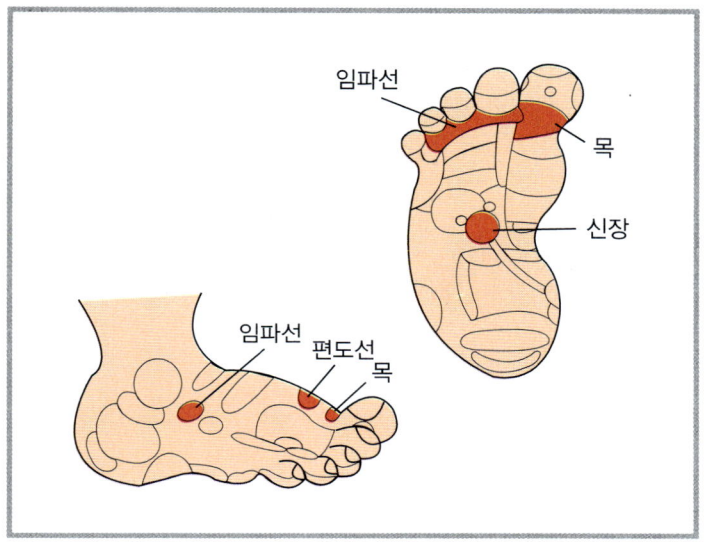

증상 · 원인

누구나 한두 번은 편도선염을 경험한 적이 있을 것이다. 원인은 과로 및 감기, 기후의 변화 등에 의한 세균감염이다. 가벼운 염증은 열도 곧바로 내리지만 방치해 두면 고열에 시달리게 되므로 조기치료가 필요하다.

Massage 시간

3~5분

방 법

봉회전압박법, 모지압박법, 봉수직압박법, 수권회전압박법

효 과

편도선염에 매우 효과가 있는 곳은 발 내측의 귀, 목, 신장, 임파선 부분이다.

피로회복

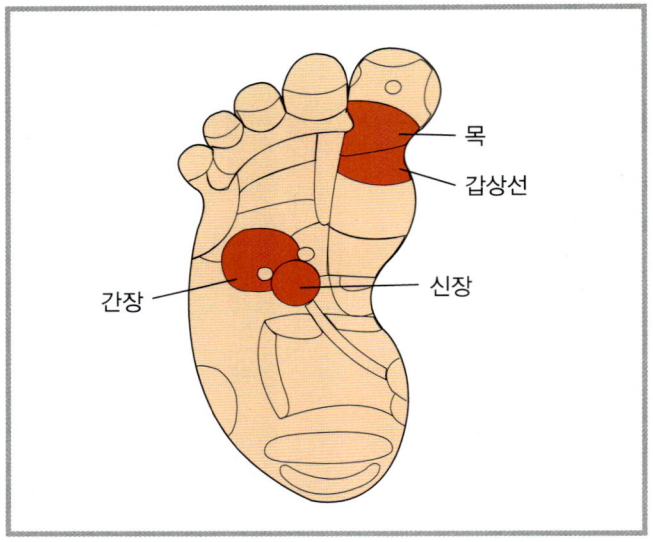

목
갑상선
간장
신장

증상 · 원인

피로를 눈치채지 못하고 그냥 방치해 두면 정신적, 육체적 저항력이 약해져 더욱 피곤을 쉽게 느끼며, 성인병 등의 큰 병을 얻을 수도 있다.

Massage 시간

3~5분

방 법

봉회전압박법, 봉수직압박법, 첨지법, 모지압박법

효 과

피로 회복에 매우 효과가 있는 곳은 갑상선부, 목부다. 눈의 피로, 의욕상실 등은 간장과 신장의 피로가 원인이 된다.

현기증

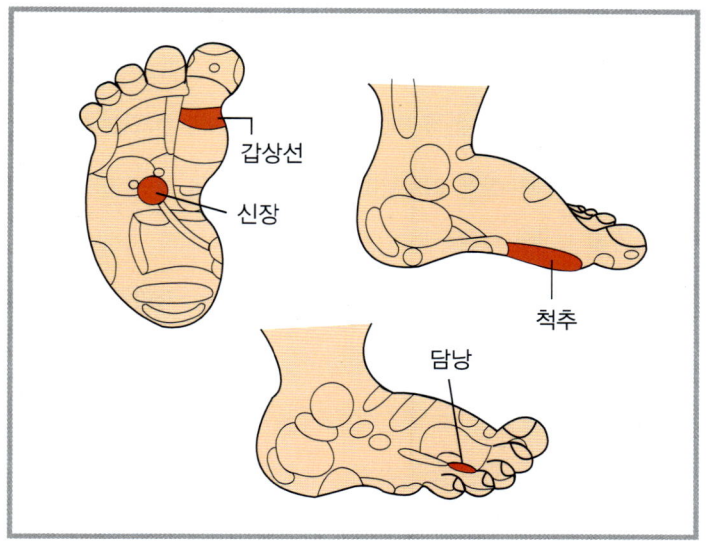

갑상선
신장
척추
담낭

증상 · 원인

머리가 가벼워 몸이 공중에 뜬 것처럼 되는 것, 의식이 가라앉은 듯한 것, 천장 및 바닥이 빙글빙글 회전하는 듯한 느낌이 있는 것 등 현기증의 증상은 다양하다. 원인은 고혈압, 저혈압, 동맥경화, 안정피로, 내이(內耳)의 질환, 갱년기 장애, 신경증 등으로 나타난다.

Massage 시간

3~5분

방 법

좌우압박유념법, 수직압박법, 수권압박법, 봉압박법

효 과

현기증에 매우 효과가 있는 곳은 발등의 네번째 발가락과 새끼 발가락 사이에 있는 내이, 발 안쪽의 엄지 발가락 부근의 목, 발바닥 장심에 있는 신장, 그리고 엄지 발가락 측면에 있는 척추다.

마사지 방법에 대하여

● **모지첨압박법** – 엄지손톱을 이용하여 시술 부위를 누르는 기법

● **봉상하압박법** – 봉(棒)을 이용하여 시술 부위를 위, 아래 반복적으로 누르는 기법

● **봉압박경찰법** – 봉(棒)을 이용하여 시술 부위를 가볍게 쓰다듬는 기법

● **좌우압박법** – 시술 부위를 좌우대칭으로 누르는 기법

● **지첨압박법** – 손톱 밑부분을 이용하여 시술 부위를 눌러주는 기법

● **경찰압박법** – 시술 부위를 가볍게 쓰다듬으며 눌러주는 기법

● **이지압박법** – 엄지와 검지로 균형을 잡으며 눌러주는 기법

● **좌우경찰압박법** – 시술부위를 가볍게 쓰다듬으며 눌러주는 기법

● **봉회전압박법** – 봉이라 함은 손이나 발마사지 시에 사용하는 기구로써 기능에 따라 둥글거나 넙적한 봉막대기 등이 있으며 때로는 연필이나 볼펜, 이쑤시개 등을 이용하는 경우도 있는데 이것들을 이용하여 시술하고자 하는 부위를 시계방향 및 반대방향으로 회전하여 누르는 것을 의미한다.

● **모지시지압박유념법** – 첫번째, 두번째 손가락 제일 윗마디를 이용하여 압박을 가하여 시술 부위를 짜내듯이 주무르는 것을 말한다.

● **수권압박법** – 수권은 주먹을 쥔 상태에서 두번째 윗마디를 말하며 주로 큰 근육을 깊숙이 누르고자 할 때 이용되는 기법이다.

● **모지압박법** – 엄지 손가락을 이용하여 시술 부위를 누르는 기법을 말한다.

● **첨지압박법** – 첨지(尖指)는 손톱 끝으로 누르는 것을 의미하는데 한방에서는 침(針)의 대용으로 이용되는 기법이다.

● **모지진동법** – 엄지 손가락을 이용하여 시술 부위를 흔드는 기법을 말한다.

● **봉좌우압박법** – 적합한 봉기구(연필, 볼펜, 젓가락 등)를 이용하여 시술 부위를 좌우로 누르는 것을 반복하는 기법

● **수권회전압박법** – 주먹의 둘째 마디를 이용하여 시술 부위를 좌우 원을 그리며 누르는 기법

● **지두압박법** – 지두란 손톱의 반대방향 첫마디로 다양한 기능을 수행 하는 부위인데 이 곳을 이용하여 시술 부위를 누르는 기법

● **봉대각선압박법** – 봉(棒)을 이용하여 시술 부위를 대각선으로 반복 하여 누르는 방법

● **모지시지압박법** – 첫번째, 두번째 손가락 제일 윗마디를 이용하여 시술 부위를 강도에 적합하게 누르는 방법

● **봉타법** – 봉(棒)타법은 시술 부위를 두드리는 기법인데 시술 부위에 따라 타법의 강도가 조절되어야 한다.

● **첨지법** – 첨지란 손톱을 이용하여 누르거나 긁거나 흔들거나 하는 기법인데 가볍게 하는 것이 좋다.

● **수권대각선압박유념법** – 주먹을 쥔 상태의 둘째 마디를 이용하여 대각선으로 누르거나 깊게 짜내듯이 주무르는 기법

● **수직압박법** – 수직압박이란 90°방향으로 누르는 기법인데 손이나 봉(棒) 기타 일상생활의 막대기 형태의 다양한 기구 들이 있다.

- **모지회전압박법** – 엄지를 이용하여 시술 부위를 좌우로 돌리며 누르는 기법

- **모지첨지법** – 엄지손톱을 이용하여 누르거나 흔들거나 돌리는 기법

- **모지압박유념법** – 엄지손가락을 이용하여 누른 상태에서 깊숙이 주무르는 기법

- **회전압박법** – 좌우로 시술 부위를 누르는 기법

- **봉압박법** – 봉(棒)을 이용하여 대각선, 직각, 회전으로 누르는 기법

- **대각선유념법** – 대각선 방향으로, 손이나 봉을 이용하여 짜내듯이 깊숙이 주무르는 기법

- **수권유념진동법** – 주먹을 쥔 상태의 둘째 마디를 이용하여 깊숙이 주무르거나 흔드는 기법

- **봉수직압박법** – 봉(棒) 또는 막대기, 젓가락, 볼펜 등을 이용하여 90°방향으로 누르는 것을 반복하는 기법

- **모지유념법** – 엄지손가락을 이용하여 시술 부위를 짜내듯이 주무르는 기법

- **경찰법** – 가볍게 시술 부위를 쓰다듬는 기법

- **수직회전압박법** – 시술 부위를 90°방향으로 누른 상태에서 좌우로 돌리며 누르는 기법

- **모지두압박법** – 엄지손가락 첫째 마디를 이용하여 누르는 기법

- **모지측첨지법** – 엄지손톱 측면을 이용하여 누르는 기법

- **봉대각선압박유념법** – 봉(棒)을 이용하여 대각선으로 누르거나 짜내듯이 주무르는 기법

- **회전유념법** – 시술 부위를 좌우로 돌리며 깊숙이 주무르는 기법

- **좌우압박유념법** – 시술 부위를 누른 상태에서 좌우 반복적으로 주무르는 기법

수면 요법

PART

03

section 05

수면에
대해서

1. 수면의 특징

- 숙면은 건강과 장수의 원천이다.

- 잠자는 자세로 심리적 특성을 알 수 있다.
  - 웅크리고 자면 정서가 불안정하다.
  - 엎드려 자면 진실을 감추려는 본성이 있다.
  - 반듯이 누워 자면 기관지가 약해진다.

- 건강한 사람의 대부분은 옆으로 누운 상태에서 무릎을 구부리고 잔다.
  - 옆으로 누워 자면 심기를 편안히 해 준다.
  - 옆으로 누워 잘 때에는 오른쪽으로 눕는 것이 좋다.
  - 오른쪽으로 눕는 이유는 간과 폐기능에 부담을 주지 않기 때문이다.

- 숙면은 쾌식(快食), 쾌변(快便)과 함께 장수의 3대 비결이다.

- 숙면은 호르몬의 분비가 정점을 이루게 한다.

- 숙면은 칼슘과 인(P) 대사를 활발하게 하여 뼈의 형성을 돕고 에너지를 축적하여 생활에 활력을 준다.

- 숙면은 삶의 질을 바꾼다.

- 숙면은 에너지를 보충시키고 중추신경의 발달에 도움을 준다.

- 숙면은 기억력과 학습효과를 높여주며 신경계의 독소를 제거하고 단백질을 합성시킨다.

- 숙면은 성장기 아동의 성장호르몬을 촉진하고 발육발달의 근원이 된다.

- 수면 중의 호흡정지는 심장마비, 심장병, 발작, 고혈압을 일으킬 수 있다.

- 수면이 부족하면 면역력이 떨어지고 성장장애를 일으킨다.

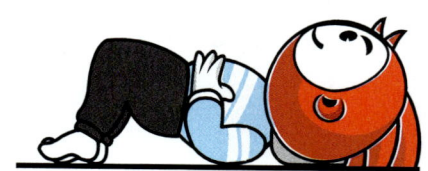

수면수칙

❶ 항상 규칙적인 시간에 일어나고 잠을 청하라.

❷ 낮잠을 피하라.

❸ 아무때나 눕지 마라.

❹ 침실은 잘 때만 이용하라.

❺ 억지로 잠을 청하지 말라.

❻ 잠자기 5시간 전 가벼운 운동을 하라.

❼ 배가 부른 상태에서 잠을 청하지 말라.

❽ 너무 배고픈 상태로 잠을 청하지 말라.

❾ 걱정거리가 있으면 적당히 정리하고 잠을 청하라.

❿ 술, 담배, 카페인성 식품, 콜라 등은 피하라.

2. 불면증이란?

❶ 누운 상태에서 30분 이상 소요되면 불면증이다.

❷ 잠자는 동안 5회 이상 깨면 불면증이다.

❸ 자다가 깨면 곧바로 다시 잠을 청해야 한다. 다시 잠드는 시간이 20분 이상 걸리면 불면증이다.

❹ 불면은 정신적, 신체적 질환으로부터 시작된다.

❺ 갑작스런 환경적 변화도 불면증의 원인이 될 수 있다.

❻ 술은 잠의 질을 떨어뜨리고 잠수면과 꿈수면을 감소시킨다.

❼ 급한 성격과 포악한 성격은 불면증에 걸릴 확률이 높다.

3. 숙면에 대한 상식

❶ 잠을 자고 난 후 머리가 가볍고 개운해야 한다. 최소한 자야할 시간은 6~7시간 정도인데 이 시간 정도 자야만 영양의 가치를 최대한 높일 수 있다.

❷ 숙면을 위해선 호도죽, 대추차, 생강차가 좋다. 고혈압이 있으면 산사자가 좋고, 우울과 분노가 겹치면 죽순이 좋다.

❸ 야간 빈뇨증이 있으면 마가 좋으며, 소화관내의 이상 발효로 숙면을 취할 수 없으면 사과주스가 좋다.

❹ 체내의 수분, 혈액, 정액 등이 고갈되어 숙면을 취하지 못하면 어지럽고 귀가 울리고, 입이 마르며 눈이 침침한데 이 때는 숙지황을 끓여 마신다.

❺ 숙면의 기초는 규칙적인 생활이다. 인체는 규칙적으로 일어나고 잠을 청하기를 원한다.

❻ 숙면을 하기 위해서는 잠들기 5~6시간 전에는 커피 등 카페인성 성분의 음식은 피하는 것이 좋다.

❼ 숙면을 하기 위해서는 담배를 피한다. 니코틴 성분은 각성 효과가 있어 더욱 잠을 청하기 힘들어진다.

❽ 숙면을 하기 위해서는 잠자기 전 과식은 삼가는 것이 좋다. 반면 가벼운 간식은 숙면을 유도한다.

❾ 규칙적인 운동은 숙면에 큰 도움을 준다. 그러나 잠자기 3~4시간 전 운동은 수면에 방해를 초래한다.

4. 숙면은 근육을 크게 한다

● 근육의 성장은 적절한 휴식과 수면에 달려 있다.

● 보통 6~8시간의 수면이 적절하다고 하는데 그 시간동안 근육은 고된 하루의 피로에서 회복되어 크기가 팽창하여 발달한다. 또한 오후 약 10분간의 수면은 바람직한 습관으로 오후의 피로를 말끔히 제거해 준다. 하루에 6~8시간 정도의 숙면이 안되면 운동이나 취미생활에 몰두하여 충분히 잠을 청할 수 있도록 한다. 중요한 것은 하룻동안 주어진 생활에 얼마나 충실하고 즐겁게 움직였느냐다.

즐거운
수면학

1. 잠을 청하지 못할 때(견비통을 치료하자)

하루의 일과를 마치면 몸도 마음도 지쳐서 잠들지 못할 때가 있다. 이 때는 다음날에 예정이 없으면 졸음이 올 때까지 느긋하게 기다리면 좋으나, 여느 때와 마찬가지로 일이 있으면 마음이 조급해서 더욱더 잠을 청하지 못한다.

이 때는 심신이 모두 지나치게 피곤해서 어깨와 목의 원기와 혈액의 흐름이 나쁘게 된다. 원기의 막힘(閉塞) 즉, 몸의 산소 부족과 어깨의 혈행불량, 이것을 견비통이라고 한다. 산소 부족은 몸을 깜짝 놀라게 하면 해결된다. 깊은 호흡이 시작되기 때문이다. 견비통은 합곡(合谷)의 우묵하게 팬 곳을 마사지 봉의 굵은 쪽으로 누른다. 오래 지속하고 있으면 서서히 어깨가 느슨해져 간다. 양쪽의 엄지발가락을 문질러 주는 것도 원기와 혈액을 아래로 내려서 졸리게 한다.

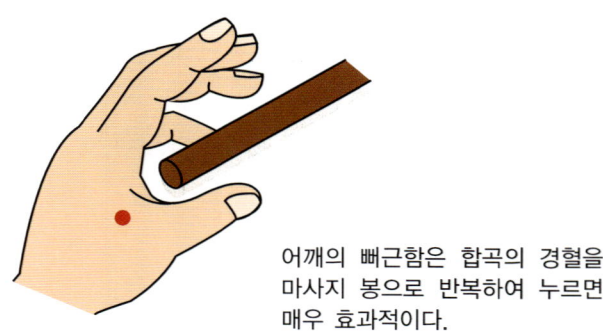

어깨의 뻐근함은 합곡의 경혈을 마사지 봉으로 반복하여 누르면 매우 효과적이다.

2. 선잠(두뇌의 흥분을 가라앉히자)

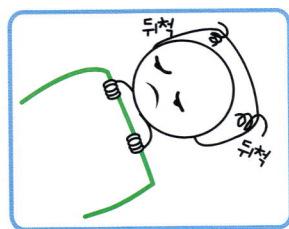

잠이 얕아도 피곤하다. 모처럼 잠자리에 들었는데, 밤중에 몇 번이고 깨면 잤다고 하는 느낌이 없다. 이 원인은 육체적 피로와 정신적 피로의 불균형 때문이다.

자동차 운전, 회의, 대인관계 혹은 컴퓨터에 의한 업무처리 등 현대의 스트레스 사회에서는 육체적인 피로보다는 정신적인 피로가 더 많다.

육체노동은 작업시간이 끝나면 육체적 피로는 쌓이나 정신적 스트레스는 적은 편이다. 그러나, 정신노동에서는 업무를 끝마친 후에도 뇌의 기억과 흥분이 꼬리를 잇고, 항상 직무의 태세가 지속된다. 기분의 전환이 예민한 사람은 수면까지 얕게 된다.

자연히 저녁식사는 모두 지나치게 값비싼 음식으로 과식하게 되고, 업무로 생긴 스트레스를 필요 이상의 식사와 술로 대충 넘겨버린다. 대량의 음식물로 꽉 채워진 위장은 밤새워 소화흡수의 일을 하게 된다. 이것이 선잠의 원인인 것이다.

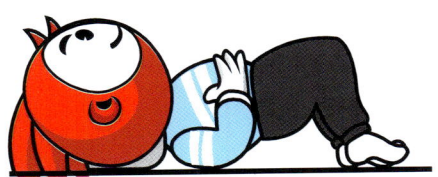

엉덩이를 띄워서 단단한 매트에 떨어뜨린다.

대책으로서는 저녁식사 시간을 되도록 빨리 하고, 양을 줄인다. 또한, 밤중에 잠에서 깨어났다면 그림과 같은 운동이 효과적이다. 누운 자세에서 무릎을 세우고, 엉덩이를 띄워 수 초간 멈추었다가 다시 단단한 매트로 떨어뜨린다. 이 방법을 반복하면 호흡이 하복부로 옮겨지고, 뇌쪽으로 몰렸던 힘이 사라져 졸리게 된다. 미지근한 물을 마신 후 이것을 하면 보다 효과적이다.

가슴이 답답하고 잠이 안오면 살맹이씨를 끓여 먹어라.

3. 일찍 눈뜸(늦잠의 자세)

새벽에 평상 시보다 일찍 잠에서 깨어나는 경우가 있는데 무척 괴로운 일이다. 새벽녘에 눈이 뜨이면 그대로 그림과 같은 자세로 드러눕는다. 호흡이 복식으로 바뀌고, 뇌의 울혈이 없어져 금방 잠에 빠지기 시작한다. 이 자세는 졸리기 시

작하기까지 계속 유지하나, 마지막에는 양 무릎 여닫기를 여러 번 반복하고 고관절을 문지르도록 해서 원기를 돋운다. 이대로 잠들어 버리면 고관절이 움직이지 않기 때문에 주의를 요한다.

이 자세에서는 호흡이 깊게 되므로 수면 중의 산소 부족이 치료되고 몸이 아직 잠을 필요로 하고 있으면 졸리게 되고, 수면이 충분히 만족해 있으면 연속해서 하품이 나온 뒤 산뜻하게 잠에서 깨어날 수 있다. 하품은 졸릴 때만이 아니라 몸이 일어나고 싶을 때도 나타난다. 반드시 자명종을 맞추어 놓는다. 안심하고 늦잠을 잘 수 있다.

손바닥을 위로 향하게 하며,
발을 합친다.

4. 덥다 더워(과식에 주의)

단식도 좌선도 모두 고행이라고 하는 이미지 때문에 단식과 좌선이라고 하면 매우 고통스러워 단 하루도 할 수 없을 거라고 생각하고 있으나, 그 실제는 별 것 아니다. 특히, 여름철의 단식은 원래 식욕이 떨어지는 시기므로 하루 정도 먹지 않아도 지장이 없다. 이 시기는 기온이 높아서 몸은 열을 발생할 필요가 없다.

반대로 이 시기에 지나치게 먹으면 몸에 열이 쌓이고 더워서 잠을 잘 수가 없게 된다. 여름에 편안한 잠자기를 위해서는 밥과 고기 등의 칼로리원을 대부분 안 쓴다. 비타민류와 미네랄류만을 많이 먹도록 버려해야 한다. 특히, 가지나 버섯류 등은 몸을 차게 하는 작용을 하므로 더워서 잠들지 못하는 사람에게는 필수 식품이다.

더워서 잠들지 못하는 또 하나의 원인으로는 이불의 부드러움에 있다. 이불이 지나치게 부드러워 몸과 이불의 사이에 빈틈이 없으면 공기가 움직이지 못하여 열이 방출되지 못하게 된다. 여름에만 등장하는 돗자리는 공기를 움직이게 하고 몸의 열을 없애는 역할을 하는 데 효과적이다.

5. 춥다 추위(건강한 사람은 따뜻하다)

차고 습한 이불은 기분이 나쁘고 잠도 오지 않는다. 사람이 잠자리로 들어갈 때 손발의 피부온도는 항상 29℃ 이상이다. 그러므로, 이불이 차갑고 약간 축축한 것은 불면의 원인이 된다. 반대로, 낮과 아침의 햇살 속에서 폭신폭신하게 부풀어 오른 이불이 있다면 정말로 행복감을 느낄 것이다.

볕이 들지 않는 집에 살고 있는 사람은 전기의 힘을 빌어서 사전에 이불을 따뜻하게 해 놓는다. 이불 건조기와 휴대용 난로 등 여러 가지가 있으나, 휴대용 난로는 저온의 화상에 주의하고 반드시 수건 등으로 싸서 사용해야 한다. 또한, 전기 담요를 사용할 때는 35℃ 이하로 온도를 설정해 놓아야 한다. 이 이상으로 올리면 땀이 나서 역으로 숙면을 방해한다.

추워서 잠을 청하지 못하는 사람의 경우는 이와 같은 침구의 개량과 병행해서 인체의 개량도 배려해야 한다.

그 한 가지는 운동이다. 1주일에 3회는 숨이 약간 힘들 정도의 운동을 하는 것이다. 호흡이 깊게 되어서 밤에도 몸이 따뜻하게 된다. 또한, 어깨만이 차가워 애를 먹는 사람은 등골의 위쪽, 목덜미 부근에 피부의 색이 나쁘게 된다. 이 경우에는 그 원인 부분을 찾아 여기에 뜸과 캡슐정기에 든 붙이는 약으로 자극을 준다.

또한 마늘과 양파 그리고 토란류를 많이 먹도록 한다. 이러한 뿌리를 먹는 야채류는 몸을 따뜻하게 하는 음식이다.

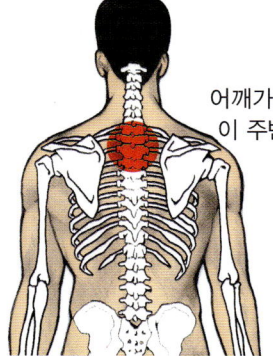

어깨가 차가워 애를 먹는 사람이 주변에 뜸과 캡슐정기에 든 붙이는 약을 이용한다.

6. 코골기 · 이갈기(본인은 알지 못한다)

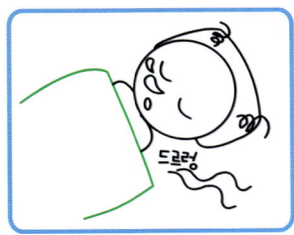

코를 고는 소리는 코와 혀 속의 근육이 지나치게 이완되어 있기 때문에 일어난다. 술에 심하게 취했을 때 및 육체가 피로해져 있을 때 더 심하게 증상이 나타난다.

편도선염과 인두편도비대증(adenoid), 비염 등의 이비인후과 질환이 있는 사람은 말끔히 치료해야 한다. 또한, 잠들기 전에 임시 방편의 치료를 해 놓는 것도 유효하다.

바르게 앉아서 고개를 최대한 숙이고 흉추 위쪽 및 경추 3, 4점 정도에서 함몰되어 있는 부위를 두드리도록 하는 것도 효과적이다.

운 나쁘게 코를 고는 사람과 한 방을 같이 쓰게 된 사람은 그 날은 정신수양의 날로 생각하고, 코를 고는 소리에 자신의 호흡을 맞춘다. 미워해야 할 친구의 코 고는 소리도 호흡을 맞추고 있으면 어쩐지 자신이 코를 고는 소리처럼 착각되어 깊은 잠을 잘 수 있다.

또한, 코를 고는 사람의 몸을 뒤치락거리게 하여 엎어져 쓰러지면 기도가 넓어져 코를 고는 소리가 그친다.

이갈이는 정신적인 불만과 긴장이 원인으로 허리와 목의 비뚤어짐을 바로 잡기 위해서 조체법(操體法)으로 치료를 하고서 잠자리에 든다.

이갈이로 이빨이 닳지 않도록 복싱의 마우스피스와 매우 유사한 나이트 가드라는 기구가 있다. 치과 의사와 상담해 본다.

 가슴두근거림, 심장신경증, 신경쇠약에는 측백씨를 가루내어 복용하라.

7. 수면의 불가사의(뇌파의 설)

인간의 행동은 극히 예사로운 것으로 앞으로의 일일수록 연구가 어렵고, 좀처럼 확실하지 않다. 왜 배가 고플까? 왜 아기는 걸으려 할까? 왜 인간은 남의 흉내를 낼까? 등등 인간은 왜 잠잘까? 라는 의문도 이러한 불가사의 중 하나다. 최근 뇌파의 발견에 동반해서 수면에는 4단계의 깊이가 있는 것으로 알려졌다.

제1단계, 입면기. 뇌파는 α파. 이 α파는 사람이 이 세상에 태어나서 3세 정도가 되면 나타나기 시작, 또한 동물에는 보이지 않는 뇌파로 인간적인 뇌파라고 알려져 있다. 좌선 등의 명상과 눈을 감고서 안정하고 있을 때의 뇌파라고도 한다. 숙면의 제1보로서 α파의 분위기를 실감하고 있는 것이 중요하다.

제2단계, 얕은 잠기. 뇌파는 θ파. 전차 등에서 얕은 잠을 자고 있을 때의 뇌파다. 자면서 잠들지 않은 듯한 것은 뇌의 전부가 잠들지 않은 증거다.

제3단계, 수면기. 뇌파는 방추파. 대부분 숙면이나, 아주 조금만 깨어 있다. 자신의 이름 등을 부르면 잠이 어수선해진다.

수면에는 4단계의 깊이가 있다.	입면기	⩘⩘⩘⩘⩘
	선잠기	⩘⩘⩘⩘
	안면기	⩘⩘⩘⩘
	숙면기	⩘⩘⩘⩘

제4단계, 숙면기. 뇌파는 δ파. 이 시기가 되면 완전히 숙면해 버리는 것으로, 흔들어 깨워도 눈을 뜨는 것은 불가능하다. 잠들어서 1~2시간 후의 깊은 잠으로 바야흐로 무르익은 잠이라 할 수 있다.

상식 자주 흥분하고 잠을 청하지 못하면 오미자를 가루내어 따뜻한 물에 타 복용한다.

8. 인간의 뇌(조금 더 몸을 사용한다)

만물의 영장이라고 자칭하고 있는 우리 인간은 그 뇌의 구조도 복잡하다.

파스칼(Blaise pascal)은 '인간은 생각하는 갈대'라고 하였다. 인간은 끊임없이 생각하고 판단하고 그 결정에 따라 행동한다. 그 활동들은 인간특유의 발달을 위한 활동이라 할 수 있다. 인간은 생각하는 능력을 가지고 있는 까닭에 발견도 하고 깨닫지 못하는 것도 있으며 생각한다라고 말하는 활동이 가능한 것이다. 정신을 빼고서 자유의지가 어디에 위치하고 있는가를 말하는 것은 예로부터 인간의 관심사였으며 생리학이 발달한 현재에는 신경뉴톤회로에서 그 근원을 찾을 수 있다. 뇌는 인간에게만 유일하게 주어진 특권이다. 지성과 의지는 인간에게만 준비되어 있는 정신활동의 원천이기 때문이다. 이 모든 작용은 뇌에서 조절하고 통제한다.

현대의 걱정거리인 불면은 뇌가 지나치게 작용하여 생기는 질환이다. 꿈틀거리기가 묶여 있는 것에 원인이 있다. 그래서 신경질적인 사람은 잠들기 전 2시간은 일을 해서는 안된다. 침치료와 마사지, 체조, 조깅 등 신체가 주체가 되어 마음놓고 움직일 수 있는 시간을 만들어야 한다.

신경쇠약으로 잠을 이루지 못할 때는 영지를 달여 마신다.

9. 기수면(두뇌가 깬 수면)

어린이들이 새근새근 자고 있을 때 눈꺼풀의 안에서 안구가 두리번 두리번 움직일 때가 있다. 이와 같을 때 무리하게 일어나면 10번 가운데 9번은 꿈을 꾸고 있는 것이다. 꿈을 꾸고 있을수록 두뇌는 깨어 있는 것으로, 몸은 깨어 있어도 꽂아 세운 떡처럼 무너진다. 자세를 유지하는 근육군이 모두 자고 있기 때문이다.

안구는 깨어 있을 때처럼 급속하게 움직이고 있지만, 몸은 역시 자고 있다는 뜻으로 영어의 머리 글자를 사용해서 REM(rapid eye movement)이라고 부른다. 이 불가사의한 수면은 하룻밤에 4~5회 일어나고, 합계 90분 정도다. 잠자리에 든 초기에는 짧고 새벽녘이 되면 길게 되고 머지 않아 눈을 뜨게 된다.

REM수면일 때는 코를 고는 것이 뚝 멈추는 것 외에 얼굴 및 손의 근육이 팔딱팔딱 경련을 일으킬 때도 있다. 또한, 맥박과 혈압이 동요하면 자율신경의 동요가 일어나는 것으로 심장발작 및 천식의 발작이 일어난다. 그러나, 정신의 안정 및 기억에 불가결한 것이 바로 REM수면이다.

REM수면일 때는 어머니의 배에 있는 아기의 태동도 격하게 되고 해산 및 유산이 증가할 수 있다. 옛날부터 자연스러운 해산은 동틀녘에 많다고 한다.

몸이 쇠약하여 잠이 오지 않을 때는 드릅나무 뿌리껍질을 끓여 마신다.

10. 가위눌림(몸의 진이 빠진다)

정체를 알 수 없는 숨막힐듯한 그림자
가 가슴을 덮고 목소리도 내지 못한다.
손발이 움직이지 않고 도망가지 못
한다.
이러한 가위눌림의 경험은 누구라도
예외가 될 수 없다. 눈을 떠버리면

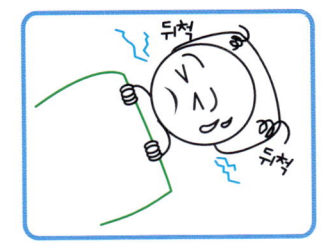

'뭐야, 꿈이었나!' 라고 안도하지만, 속박되어 있는 사이는 그야말로
공포다.

현대의 과학은 이러한 설명을 차츰 확인시키기 시작하였다. 이 가위눌
림은 REM수면 중에 일어난다. REM수면일 때는 대부분의 사람이 꿈
을 꾸고 있다. 몸은 숙면하고 있는 것에 반해서 두뇌는 깨어 있다. 시각
및 청각 등의 오감 기능이 저하되어 있는 상태로 두뇌에서 솟아나는 영
상 및 황당무계한 장면은 오감 및 체험으로부터의 수정을 받지 않은 채
현실감을 가지고 우리들에게 다가온다. 그 결과, 두뇌가 멋대로 만들어
내는 기상천외한 영상으로 꿈에 응해서 몸이 움직이는 것이 불가능하
고, 가위눌림으로 된다.

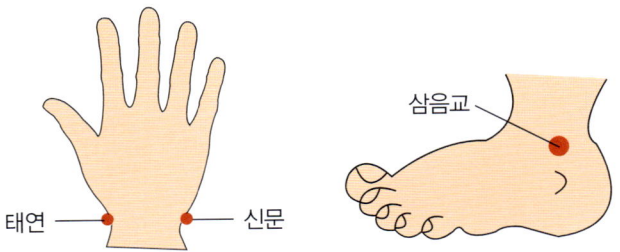

태연 — — 신문   삼음교

가위눌림을 당하지 않기 위해서 삼음교, 폐경의 경혈의 태연, 심경의 경혈인
신문에 침을 놓는다든지 마사지를 해 주는 것이 좋다.

지속될 때는 눈치채지 못해도 몸의 음부분의 기혈이 빈약하게 된다.
침구의학에서 말하는 폐경의 경혈 태연(太淵) 및 심경의 경혈 신문
(神門), 또 발에 있는 삼음교(三陰交)에 마사지나 침을 놓고 뜸질한
다. 그렇게 하면 가슴의 답답함이 없어지게 된다.

11. 꿈과 현실(정확히 꿈을 돌아본다)

REM수면일 때에는 대부분 9할 이상의 사람이 꿈을 꾸고 있다. 몸의 감각은 깊게 잠든 채로 현실에는 아랑곳하지 않고 허공을 나는 것도 가능하다. '장주(莊周)의 꿈에가 나비가 된다'라고 하는 2천년 전의 유명한 이야기를 하고자 한다.

언제의 일인지는 모르나, 장주라는 남자가 선잠이 들었다. 그는 꿈 속에서 한 마리의 나비가 되었다. 펄럭펄럭 꽃에서 꽃으로 날면서 놀고 있었다. 이러한 것에도 즐거움이 있을까? 마음이 가는 대로 그는 자신이 장주라는 인간인 것도 잊어버렸다. 머지 않아 문득 눈을 떠보면 그는 헷갈림도 없고, 이전의 장주로 되돌아오곤 했다. 그는 생각했다.

'그런데, 도대체 자신이 꿈에서 나비로 되었던 것인가, 나비가 꿈에서 자신으로 되었던 것인가, 어느 쪽일까?', '정말 어느 쪽이면 좋을까? 나비는 꿈속에서 흡족한 채였으니 자신은 현실에서 벗어날 핑계로, 이 현실을 꿈으로 하고 춤을 추며 놀고 있다면 좋을텐데…'.

옛날 사람은 느긋하였다. 이렇게 정처없이 있다면 꿈 속에서 빚쟁이에게 뒤쫓겨 다니는 것도 없을 것이다. 밤의 인생이라도 꿈 속에서 좋은 생각을 할 수 있도록, 일어나고 있는 사이에는 뒷부분의 좋은 것만을 마음에 두어야 한다.

몸이 약하고 가슴이 답답하며 손과 발에 열이 있으면서 잠이 오지 않으면 대추와 총백을 달여 마신다.

12. 수면약의 ABC(상수롭게 사용한다)

수면약은 간단하게 말하면 수술할 때 사용하는 마취약을 묽게 한 것이다. 매일 이것을 사용하는 것은 그다지 좋은 것은 아니다.

한 알 먹으면 용이하게 두뇌의 흥분을 진정, 수면중추에 손써서 기분이 상쾌하게 수면을 이끌고, 그 이후 아침까지 자연스러운 수면을 지속시킨다. 그러나 '간장 및 신장 등의 내장에 부담을 주지 않고 상쾌하게 눈을 뜨는 것을 재촉한다' 라고 하는 듯한 잠의 수면약은 아직 없다. 유감이지만, 몸에 부담을 주지 않고 게다가 강한 최면 효과가 있는 수면약은 아직 나오지 않았다.

정신 안정제 등의 효력이 있는 간단한 약은 그다지 효과가 없고 아주 효과가 있는 약은 다음날 휘청휘청한다든지 두뇌의 작용이 흐리멍텅하게 있고 기분이 상쾌하지 못하고, 병적인 의존으로 빠져 더욱 어렵게 된다.

원래 약에는 '반드시 독' 이라는 기본적인 성격이 있다. 해독, 배설의 단계로 간장 및 신장에 부담을 준다. 반드시 의사의 지시대로 따라야 한다. 지나치게 '잠이 안 온다'고 집요하게 호소해서는 안된다. 의사는 하는 수 없이 강한 약을 처방해 장기간으로 보면 자신의 몸과 마음을 상하게 한다. 운동과 식사 그리고 마음의 안정 등 생활 속에서 자신이 할 수 있는 방책을 찾아야 한다.

상식 머리가 어지럽고 아프거나 잠이 오지 않으면 천마와 천궁을 갈아 알약으로 만들어 하루에 3번 먹는다.

13. 아침에 활동하는 형의 인간(좌선을 하면 좋다)

아침에 부지런하고 활동적인 사람은 혈색이 좋고 적극적인 사람이다. 머리가 벗겨진 이마는 번질거려 반짝, 혈압은 높고 식욕도 왕성하고 남의 위에 서고 싶어한다.

이와 같은 사람은 중년까지는 문제 없으나 초노년기 이후는 혈압의 상승에 동반하는 뇌졸중 등이 걱정이다. 밤 8시, 9시가 되면 눈꺼풀이 감겨져 오면 좋으나 책임과 업적 등의 욕망에 빠져 밤늦게까지 자지 않는 것을 계속하고 있으면 몸에 적신호가 켜진다. 교감신경의 과잉흥분에 의해서 자율신경에 문제가 생길 수 있다.

이른 아침의 햇살 및 가족의 배려 등으로 침실을 확실히 막고, 아침에 눈을 뜨는 것을 되도록 늦춘다. 목욕은 따뜻한 물로 오래하여 부교감 신경을 우위로 있게 한다. 목욕을 뜨거운 물로 해서는 안된다.

가끔 조용한 산에 올라 좌선을 하면 더 좋을 것이다. 흥분을 가라앉히고 중심을 내리면 사람이 여유가 생긴다.

또한, 아침에 활동하는 형의 타입은 직장을 출근할 때도 일찌감치 나오도록 한다. 혼잡하지도 않고 일도 열심히 할 수 있어 일거양득이다.

36~38℃

따뜻하게 오랜 목욕으로
부교감 신경을 우세로…

꿈을 많이 꾸면서 잠을 청하지 못하면 고사리를 무쳐 먹어라.

14. 수면 기억술(즐거운 공부)

벼락치기 시험공부. 잠도 자지 않고 강경히 버티었으나 막상 본시훈에서는 기억하고 있어야 할 답이 생각나지 않는다. 결과는 뻔하다. 이러한 경험은 누구라도 있을 것이다. 그저 단순히 근성만으로 완성되는 것은 아니고, 역으로 편안한 수면에 의해서 강화되고 유지되는 것이다.

기억은 그저 막연히 기억하고 있을 뿐이다. 필요할 때 필요한 것을 재생하는 것을 비로소 기억한다고 말한다. 즉, 기억된 내용이 정확히 정리되어 언제라도 재생할 수 있는 상태로 유지되고 있는 것이 중요하다. 여기서 불가결한 것이 수면이다. 특히, REM수면이 필요하다고 말할 수 있다.

REM수면은 '뇌는 깨어 있고 몸은 자고 있다' 라고 하는 불가사으한 수면이다. 이 수면의 사이에는 뇌의 혈류가 일어나 있는 낮동안보다도 증가하는 것이다. 이 기간에 낮동안 공부를 한다든지, 경험한 것이 기억으로서 고정화되는 것이다.

이와 같은 수면에 의한 기억의 유지를 강화하는 비법이 있는데 그것은 낮동안 공부한다든지, 경험한 것을 가능한 한 정리하여 순소를 만들어 놓는다.

기억력이 뛰어난 어린이는 낮동안 흥분이 덜가신 채 꾸벅꾸벅 잠자리로 들어가게 된다. 잘 자는 어린이는 몸만이 아니라 머리도 자란다.

심혈 부족으로 잠을 청하지 못하면 측백씨를 가루내어 복용하라.

15. 밤에 활동하는 형의 인간
(우선 위장을 강하게 한다)

하루의 일과를 끝내는 저녁이 되면 기력과 체력 떨어지게 마련이다. 이런 사람은 잠에서 깨어난 기분이 나쁘고, 오전 중은 두뇌도 몸도 가라앉은 채 장시간 전환이 되지 않는다. 밤에 보통 잠을 잘 청하지 못하는 사람의 유형은 커피와 차를 좋아하는데 이런 사람들은 저혈압 기미로 위장은 약하고 소극적이며 우울증에 걸리기 쉽다.

사교적인 것이 딱 질색이고 좋게 말하면 사색적인 사람이라 할 수 있으나, 확실히 말하면 걱정꾸러기. 밤늦도록 자지 않고 있다가 아침에는 늦잠을 자고, 밤이 되면 정신이 맑게 깨어, 활동적으로 되는 것이다.

유유자적한 노인 및 이기적인 전업주부가 이런 생체리듬대로 인생을 즐기고 있다면 좋으나, 대부분의 사회인에게는 상황이 허용되지 않는다. 따라서, 이 타입의 사람은 혈압을 올려 위장을 강하게 할 필요가 있다.

그림과 같이 머리 위에 양쪽의 손을 올려놓고, 엉덩이를 좌우로 흔든다. 명치 및 옆구리가 아플 수 있으나, 그것이 좋다.

체질개선의 진행중에도 계속 흔든다. 하루 20분간, 수 주일간, 매일 계속하면 체질개선이 향상된다.

아침은 냉수로 세수하고 가능하면

엉덩이를 좌우로 흔든다. 1일 10분간, 수주간 매일 계속한다.

냉수로 샤워를 한다. 이 타입의 사람은 냉수로 심장이 멈쳐 버릴 걱정은 없다. 두뇌, 자율신경도 산뜻하다.

가슴이 답답하고 입안이 마르면서 잠이 들지 못하면 생지황을 달여 마신다.

침실
이야기

1. 잠자는 모습 예측(무의식의 치료운동)

정상인이라면 누구나 밤새 20~30회 정도 뒤치락거림을 한다. 특히, 정신적인 갈등이 있을 때 및 몸을 몹시 사용했던 날 등에는 뒤치락거림이 심하게 된다. 낮동안 잘 놀았던 어린이의 뒤치락거림은 심하다. 뒤치락거림은 심신의 변형을 치료하는 몸 자신의 동작이다. 잠자는 중에는 인간의 뇌로부터 억제가 없어 몸은 명(命)이 하고자 하는 대로 움직인다.

〈그림 1〉은 엎드림형. 약한 복부를 감싸는 잠자는 모습이다. 기본적으로는 그다지 강건한 정신도 육체도 가지고 있지 않다. 식사로 원기를 내고 복부를 단련한다.

〈그림 2〉는 태아형. 엎드림형의 극단한 타입이다. 누구라도 배의 상태가 나쁠 때는 이와 같은 잠자는 모습으로 된다. 명(命)의 여력이 없는 것으로 성격도 수세적이다. 조금씩이라도 몸을 단련해 간다.

〈그림 3〉은 꼬인형. 무릎이 올라가 있는 쪽의 복근이 약한 것으로 체간이 꼬여 있는 것이다. 요통이 심한 사람은 조체법(操體法) 및 정체법(整體法)으로 치료한다. 하는 김에 비뚤어진 심사도 치료한다.

〈그림 4〉는 대문자형. 이상적인 잠자는 모습이다. 간장, 신장 등의 내장에 여력이 있는 것으로 양손발을 펴는 것이 가능하다.

〈그림 1〉 엎드림형

〈그림 2〉 태아형

〈그림 3〉 꼬인형

〈그림 4〉 대문자형

2. 뒤치락거림 운동(졸리게 되는 조체법)

뒤치락거림은 낮동안의 몸과 마음의 갈등을 치료하는 운동이다. 그러나, 몸이 굳은 사람은 뜻대로 뒤치락거림을 할 수 없다. 그래서 골격을 유연하게 해 둘 필요가 있다. 뒤치락거림을 모방해서 만들어진 조체법이라는 치료방법을 소개한다.

조체법 1. 발뒤꿈치를 단단한 매트에 댄다. 천장을 보면서 눕고 양손을 붙인다. 숨을 내쉬면서 양손발을 바닥에서 띄운다. 10을 세고 단단한 매트로 떨어뜨린다. 발뒤꿈치는 너무 높게 올리지 않도록 한다. 등이 바닥에 붙도록 복근에 힘을 준다. 엎어짐형과 태아형의 사람에게는 필수이다.

〈조체법 1〉

조체법 2. 엉덩이를 단단한 매트에 댄다. 천장을 보면서 눕고 엉덩이를 띄운다. 그대로 10을 세고 단단한 매트로 떨어뜨린다. 엉덩이의 무게에 따라서는 단단한 매트와 가깝게 된다. 호흡이 복식으로 변화하고 잠자리와 비슷하다. 허리근(요근)과 등근(척추기립근)의 긴장을 없앤다.

〈조체법 2〉

조체법 3. 몸을 옆으로 해서 누워 단단한 매트에 댄다. 옆으로 누어서 위쪽의 다리만 띄운다. 고관절로부터 직각까지 굽혀 허리에 꼬임의 부담을 준 후, 무릎부터 단단한 매트로 떨어뜨린다. 무릎부터 떨어뜨리지 않으면 염좌를 일으킨다. 좌우 모두 단단한 매트로 하여금 허리의 변형을 잡도록 한다.

〈조체법 3〉

3. 머리는 차갑고 발은 따뜻하게
(베개도 서늘하고)

어린이의 돌본 적이 있는 사람이라면 알고 있는 것처럼 어린이가 졸려서 보챌 때 손발이 따뜻해져 오면 머지 않아 잠들게 된다. 편안한 수면을 실현하는 부교감 신경이 우위로 되면 손발의 피부 혈류가 증가해서 따뜻해진다. 자연히 그대로

갓난아이와 어린이는 머리가 차갑고 발이 따뜻해서 생기가 있다.

발이 얼음과 같이 차갑게 되어서 잠들지 못하는 사람은 최근에 개발된 원적외선 양말을 신는 것도 좋은 방법이다. 목욕 뒤에 발끝만 물에 담가 철저히 따뜻하게 하는 것도 효과가 있다.

더욱이 담요를 두껍게 해서 단열성을 좋게 하는 것으로 대신하는 것도 중요하다. 부드러운 담요는 포근하게 느끼는 감이 있으나, 긴 안목으로 보면 골격의 격차를 그대로 두므로 골격의 노화를 진행시킨다. 굽어진 골격이 신경과 혈관을 압박해서 손발의 냉기를 초래한다. 같은 이유로 베개는 낮은 쪽이 좋다. 어깨가 뻐근한 사람은 꼭 그렇게 한다.

또한, 베개는 방열성이 좋고, 그대로 세탁하는 것이 가능한 소재가 좋다. 옛날부터 보리찌꺼기는 상당히 좋은 재료이나 벌레가 달라붙기 쉬운 결점이 있고 그대로 세탁하는 것이 불가능하다. 베개는 눈물과 침, 비듬이 스며드는 것으로 불결하게 되기 쉽다. 가는 플라스틱의 파이프를 채운 베개 등은 빨기 쉬워서 좋을 것이다.

4. 밤의 운동장(넉넉한 침대)

낮에 많이 놀았던 어린이는 방안을 굴러다니며, 뒤치락거림을 한다. 뭔가 고민이 있는 사람도 가위에 눌려 뒤치락거림을 한다. 이 뒤치락거림을 침대열차와 같이 좌우로 바싹 붙여서 방해하면 하루의 피로가 제거되지 않을 뿐만 아니라 고민에 맞서는 원기도 솟아나지 않는다. 뒤치락거림은 돈과 바꿀 수 없는 치료로 무의식에서 이루어지는 건강 체조다.

침대는 다다미 3장 넓이, 스티로폼(styrofoam)이라는 단열재 위에 1㎝ 무게의 단단한 쿠션재를 깔고, 모포를 한 장 깔아 딱딱하게 한다.

이렇게 넓고 단단한 침대에서 자고 있으면, 자세의 노화와 악화를 꽤 막을 수 있다. 자세가 나쁜 사람은 턱이 올라가고, 어깨를 앞으로 돌출시켜 등이 굽은 토끼처럼 된다. 이와 같은 자세의 사람은 체중이 60kg이라면 제4요추에 걸리는 중량은 자고 있을 때조차 20kg 정도다. 서 있을 때에는 80kg이다. 몸은 약간 앞으로 기울이는 것만으로 어쩌면 150kg 정도의 중량이 걸린다.

자세의 좋고 나쁨은 단순히 외관상으로는 알 수 없다. 당신도 아무쪼록 수면 중에 자세를 좋도록 가능한 한 단단하고, 가능한 한 넓은 침대를 사용해야 한다.

이런 나쁜 자세의 사람은 제4요추에 체중의 1.5~2배 정도의 체중이 걸린다. 수면 중에 자세를 좋게 할 수 있게 되도록 단단하고 넓은 침대를 사용한다.

5. 기상의 매너(침대에서의 워밍업)

아침에 눈을 떴을 때, 몸은 아직 절반은 잠자고 있다. 근육은 이완한 채로, 호흡은 휴식과 부교감신경 지배의 하복식호흡을 계속하고 있다. 뇌의 혈액도 낮의 $\frac{1}{2}$ 정도밖에 흐르고 있지 않는다.

이대로 하루를 시작하게 되면 몸도 정신도 몹시 지친 채로 마지 못해 일을 하게 된다. 아무쪼록 기상의 매너를 몸에 익히도록 한다.

우선, 손발을 가볍게 움직인다. 손가락을 굽힌다든지 편다든지 한다. 몸은 이불 속에 있어도 좋다. 단지 그것만으로도 뇌의 혈류가 30% 이상 증가한다. 손끝의 부종도 관찰한다. 등골이 노화한다든지 근육 및 골격에 변형이 심하게 되어져 있는 사람이나 동맥이 경화된 사람에게도 부종이 있다.

다음으로 손을 든 채로 확실히 등을 편다. 좌우로 손발을 교대로 펴는 것도 좋다. 그림과 같이 몸 전체를 좌우르 구불구불 움직이면 교감신경이 활동하기 시작하고, 심신이 활동적으로 되어져 간다. 이와 같은 신경기능은 하등동물도 인간도 그다지 차이가 없다.

개나 고양이도 낮잠 후에는 '으응' 하고 등을 펴면서 일어나서 밖으로 나간다.

몸 전체를 좌우로 구불구불 움직인다.

6. 술병을 베개로
(즉석의 편안하게 잘 수 있는 베개)

꼭두새벽부터 한 차례 목욕하고 술을 한 병 다 마셔 버리고, 그것을 베개로 아침잠을 잔다. 천하태평, 이 세상이 극락이다.

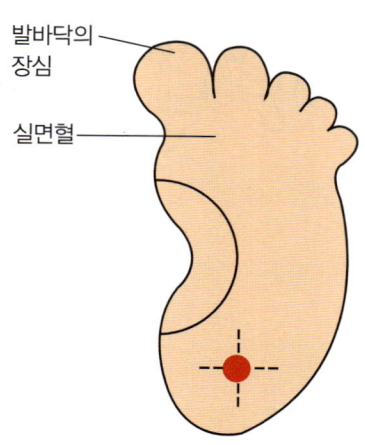

맥주병에 수건을 둘러쌓아 베개 위에 놓고서 사용하면 편안하게 잘 수 있는 베개가 된다. 옆으로 누워서 맥주병에 목의 측면을 댄다. 자신의 머리 무게로 기분이 상쾌한 목의 지압이 된다. 어떤 노력도 필요없다.

불면의 원인은 여러 가지가 있으나 직접적으로는 목과 어깨의 뻐근함, 기혈의 흐름이 막혀서 불면이 된다. 목이나 어깨를 차분하게 지압하고 기혈의 흐름을 회복하면 편히 잠들게 된다. 불면에 유효한 경혈은 우선 천주(天柱)와 풍지(風

맥주병의 안면침 옆으로 누워서 맥주병에 목의 측면을 댄다.

池)다. 모두 후두부의 머리털이 난 언저리, 두개골의 부근에 있다. 천주는 등골의 가장 위, 목덜미의 움푹한 곳의 좌우, 약간 부풀어 오른 근육의 부분이다. 풍지는 천주의 좌우에서 약간 움푹 패인 부분이다.

또 한 가지, 실면혈(失眠穴). 발뒤꿈치의 중심에 있다. 여기는 뜸질을 한다.

발바닥의 장심

실면혈

불면에 유효한 경혈

7. 쾌적한 침실
(어둡고 조용하고 맑은 공기)

숙면을 가져오는 침실조건의 첫번째는 밤은 어김없이 어두워야 한다는 것이다. 몸이 필요한 만큼의 수면이 빛과 소리로 무리하게 줄어드는 것을 좋아하지 않는다. 주변 빌딩의 네온이나 자동차의 라이트, 아침의 햇살로부터 침실을 막도록 한다. 소형 전구를 켜 놓고서 들어 누우면 잠이 부족하게 된다. 방 전체의 조명은 끄고, 동시에 조명의 밝기를 컨트롤할 수 있는 스탠드 등으로 비추어 충분히 잠을 잘 수 있는 환경을 조절한다. 다리와 허리가 쇠약해진 노인의 방은 야간에 화장실을 가는 것에 대비하여 침실로부터 화장실까지의 도중, 발밑만 조명으로 비추어 전도 사고를 미연에 방지한다. 돌다리도 두들겨 보고 건너가야 한다. 방 전체를 밝게 해서는 안된다. 그렇지 않아도 불면 기미가 있는 노인의 눈이 또렷또렷하게 떠져 있게 된다.

두번째 조건은 방음이다.

빛과 소리를 차단했으면 환기를 확보한다. 잠을 자고 있는 사이에는 호흡에 의해서 나오고 있는 노폐물이 방안에 모인다. 반드시 환기가 필요하다. 창문을 열어 놓으면 밤의 냉기는 몸에 독으로 되므로 조심하지 않으면 안된다. 난간은 열어 놓거나 조용한 환기문을 닫고 잠자리에 든다. 특히, 방음재를 둘러칠 때는 환기에 주의한다.

8. 이부자리보다도 침대
(먼지나 냉기를 마시지 않도록)

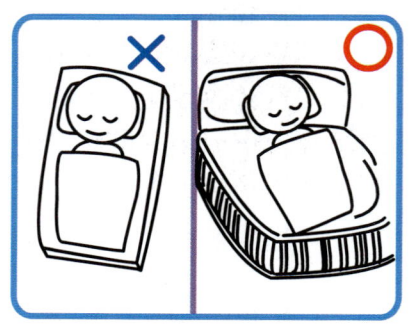

침실을 개조할 때는 이부자리보다도 침대의 쪽을 추천한다. 바닥에서 30cm 정도에는 먼지가 가라 앉는다. 낮에 사람의 활동으로 날려 올라간 먼지는 사람이 모두 잠들어 고요해지는 것을 기다려 바닥으로 내려온다. 게다가, 겨울의 추운 시기에 드러눕는 곳은 확실히 냉기의 바닥이다. 그러면 먼지와 냉기를 마시지 않기 위해서 이부자리보다도 침대의 쪽이 좋을 것이다. 단, 여기서 추천하는 침대는 푹신푹신한 밤낮으로 펴놓은 이부자리 침대는 아니다.

좀 더 단단하고 넓은 것을 말한다. 우선, 다다미 6장 정도의 방을 침실에서 확보할 수 없다면 다다미 3장 정도를 30cm 정도 높이로 하고, 거기에 다다미를 깐다. 여기에 이부자리를 깔고, 한 사람이 잠잘 수 있다. 침대의 아래에 이부자리를 수납해 놓으면 낮에는 침대의 위를 사용한다고 하는 뜻이다. 특히, 무릎이 약해진 노인에게는 걸터앉는다든지 엎드려 눕는다든지 하는 것이 용이하므로 사용하기 편리한 좋은 침실로 된다.

침실을 개조할 정도의 돈이 없는 가난한 사람은 맥주 상자를 늘여놓고 끈으로 묶어, 이 위에 12mm의 합판을 올려놓는다.

합판의 주변에 단열재를 깔고 쿠션재를 붙여 이불을 씌우게 되면 훌륭한 침실이 완성된다. 타월켓(towelket)은 물로 간단하게 그대로 빨 수 있는 것으로 진드기 대책도 만전을 기함으로써 위생적이다.

9. 더블(double)보다 트윈(twin)
(부부 원기에 차이가 있는 방)

부부 사이가 좋고 하나의 침대에서 잠자는 것이 더블침대다. 부부 사이가 좋고 두 개의 침대에서 잠자는 것이 트윈침대다. 어느 쪽이 더 행복하다고 말할 수 없다.

더블침대에서는 두 사람의 체중 차이로 침대의 표면이

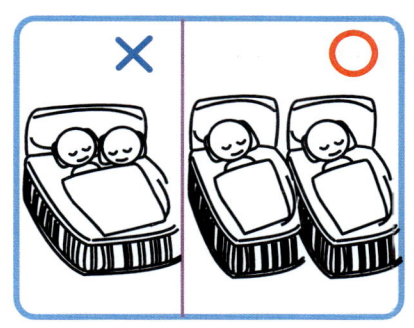

기울게 된다고 하는 결점이 있다. 기운 침대에서 잠을 자고 있는 것은 어쨌든 한심스러운 것이다. 밤 사이에 반대측으로 구르는 노력을 하고 있었던 것으로, 아침이 다가오면 한숨을 돌린다.

게다가 뒤치락거릴 때마다 상대의 몸이 방해가 되어서 마음껏 뒤치락거림을 할 수 없다. 그 중요한 뒤치락거림 체조를 할 수 없는 것으로 몸은 매우 욕구불만 상태로 있을 수 있다. 밤의 휴식시간을 소비해서 고의로 질병을 만들고 있는 것처럼 말이다.

신혼 초에는 하는 수 없다고 해도 갓 태어났을 때도 혼자, 죽을 때에도 혼자인 것처럼 부부도 사이가 좋고 한 사람이라고 하는 것이 영원한 진리다. 질병이 있을 때도 생각해서 더블보다도 트윈의 침대를 선택한다.

10. 폭신폭신한 침대
(수명을 단축한다)

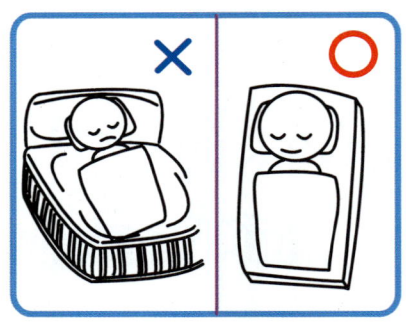

폭신폭신한 침대는 호화롭고 아름다우며, 어딘지 모르게 문명개화의 분위기가 있다. 그러나, 백 년이나 이백 년이 지나도 변하지 않는 우리들의 몸은 성가시기 짝이 없는 침구다. 지나치게 부드러운 이부자리나 매트에서는 엉덩이와 가슴 등, 체중의 70~80%를 차지하는 체간이 침대로 가라앉아 버려 몸의 전체가 V자형으로 가라앉아 버린다. 잠이 든 당초는 아무렇지도 않으나 서서히 고통이 느껴져 잠자는 동안 빈번하게 뒤치락거림을 하게 된다.

게다가, 그 뒤치락거림은 V자의 바닥부터 구르면서 올라가지 않으면 안되므로, 편안해야 하는 수면 중에 중노동을 하는 격이 된다. 더욱이 나쁜 것은 이와 같은 잠자는 자세에서는 목덜미에 무리한 힘이 가해지고, 아침까지 긴 수면시간 사이에 어깨가 뻐근한 증상이 나타나게 되는 이유가 된다. 어깨 및 목덜미의 근육이 굳어버리면 신경을 압박하고 눈과 귀의 감각을 저하시켜 혈관을 압박해서 뇌의 울혈을 일으킨다. 어깨의 뻐근한 증상이 만성화되면 견비통으로 실감할 수 없게 되고, 결과적으로 전혀 무자각인 채로 혈압의 상승 및 뇌의 출혈, 눈과 귀의 노화를 촉진하게 된다.

11. 진드기의 서식처
(진드기는 성가신 알레르겐이다)

진드기가 천식이나 비염 등의 알레르기 질환을 일으키고 있는 것은 널리 알려져 있다. 진드기의 몸 그 자체도 알레르기 반응을 일으키는 알레르겐이나 진드기의 분(대변)은 가장 강한 알레르겐이며 사람을 괴롭게 한다.

이 곤란한 진드기들의 서식처는 융단, 봉제완구, 포목제 소파 그리고 이부자리다. 모두 두꺼운 어떤 섬유나 털 제품이다. 표면은 일광으로 쬐어 건조시켜도 청소기로 흡입해도 진드기는 깊숙한 곳에 숨어서 살아간다. 이부자리 진드기의 99%는 섬유의 부분에 숨어 있다. 대량의 물로 세탁하는 것 이외에 진드기의 분까지도 제거하고 알레르기 반응을 없애는 방법은 없을 것이다.

6월부터 9월의 고온 다습한 계절은 진드기가 좋아하는 계절이다. 또한, 생활이 쾌적하게 되어서 따뜻하고 난방이 되는 겨울도 진드기들이 좋아하는 계절이다.

진드기 알레르겐을 줄이는 방법은 오직 끈기다. 우선, 햇볕의 힘으로 건조한다. 양지가 들지 않는 집에서는 이부자리를 건조기에 넣고 고온으로 말린다. 이렇게 해서, 이부자리가 건조되어 진드기가 줄어도 강력한 알레르겐 진드기는 분이 그대로 남아 있으므로 안팎을 충분히 털고 먼지와 함께 몰아내야 한다. 또한, 청소기로 흡입한다. 이것을 2일에 한 번의 페이스로 1년내내 계속한다.

12. 단단한 이불

불과 수십 년전만 해도 '질병은 병원으로' 라고 하는 관념이 지금처럼 유행하고 있지 않았다. 자신의 질병을 스스로 치료하는 것은 사람들의 당연한 기개(氣槪)였다. 더구나 뜸은 자신과 가족에게 행할 수 있는 가장 간단한 치료법으로서 사람들의 생활 속에 침투하고 있었다. 뜸치료의 경혈은 몸 전체에 분포되어 있는데, 특히 등골의 주변에는 내장을 튼튼하게 하는 경혈이 나란히 있으므로 뜸치료에서는 불가결한 곳이다.

척추의 위를 목부위로부터 허리를 향해서 손으로 어루만져 본다. 척추의 하나 하나가 凸凹되어 있다. 크게 凸로 튀어나와 있는 고양이등을 보면 곧 이해할 수 있으며, 이 고양이 등의 불쑥 솟은 기슭의 凹부분이 뜸치료의 포인트가 된다.

눈으로 보면 아주 몇 mm 이하의 凸凹로 알 수 있고, 몸에 따라서는 절실하고 심각하다. 凹의 부분과 관련되어 있는 내장의 기능이 저하되어 있는 것이다. 침구치료 및 정체요법으로 凸凹를 바로 잡으면 지금까지 제대로 움직이지 않았던 장기가 갑자기 생생하게 움직이기 시작한다.

단단한 매트에서 잠을 자는 것을 권하는 것은 자고 있는 사이에 이 미세한 凸凹을 교정하기 위해서다. 그런데 이불은 대부분 탄력성이 없는 것이 좋다.

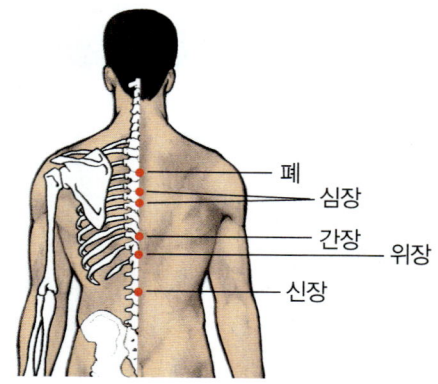

폐
심장
간장
위장
신장

척추의 주변에는 내장을 튼튼하게
하는 경혈이 나란히 있다.

13. 가벼운 이불
(깃털요가 최고다)

이불선택의 포인트는 보온성과 가벼움이다. 가볍고 따뜻한 이불로 자고 있으면 중요한 뒤치락거림 운동을 자유롭게 할 수 있으므로 몸의 구석구석까지 잠을 청할 수 있다. 무거운 이불이라면 골격을 강하게 눌러 병을 유발할 수 있다.

수면 중의 뇌혈관 장해 및 심장의 발작이 무거운 이불에 의해서 일어나고 있다고 하는 연구도 발표된 바 있다.

가볍고 따뜻한 것은 깃털이불이 가장 좋다. 깃털이불의 무게는 솜이불의 약 절반이다. 게다가 흡수성과 방수성이 뛰어나므로 몇 년 동안 사용해도 무난하다. 재생할 필요도 없고 덮개를 자주 교환해 주면 평생 사용할 수 있다. 깃털은 가는 새털이 온도에 의해서 열린다든지 닫힌다든지 하므로 외기(外氣)의 변화에 따라서 정교하게 변한다.

숙면
건강법

1. 자율신경 실조증(온냉욕으로 치료한다)

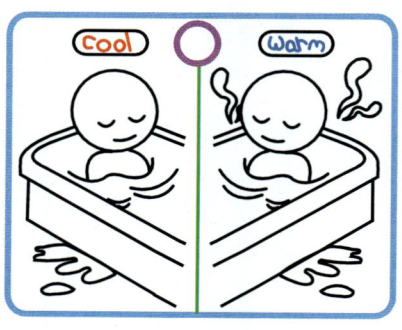

자율신경에 교감신경과 부교 감신경이 있다는 것은 누구나 알고 있는 사실이다. 교감신 경은 몸의 활동을 활발하게 하고, 부교감신경은 휴식과 피로의 회복을 가져온다. 이 런 신경계가 자동차의 액셀과 브레이크의 역할을 하고, 순 조로운 생명활동을 가져온다.

이 두 가지의 신경 밸런스가 무너지면 몸이 나른하다든지, 불면증, 심 장의 두근거림, 위의 무거움 등 갖가지 증상이 나타난다. 한 차례의 검사를 해도 질병의 원인을 발견할 수 없을 때, 자율신경 실조증이라 고 하는 병명을 붙인다.

자율신경이라고 해도 대뇌와 척수 등과 전혀 별개로 독립되어 있다고 하는 뜻은 아니다. 운동과 감정, 호흡의 중추 등과 복잡하게 얽혀 기 능하고 있다. 그런데, 자율신경 실조증이 있는 사람은 몸의 움직임이 어색하고, 노이로제 등의 증상도 동반하며, 호흡운동도 얕고 적다. 몸 은 항상 산 결핍으로 헐떡이고 내장의 기능도 저조한 채로 제대로 활 동하지 못한다.

온욕(부교감신경)과 냉수 샤워(교감신경)를 교대로 전환해서 자율신경 에 활력을 넣어준다.

또한, 아주 단단한 매트에서 잠을 잔다. 단단한 매트에서는 잠자고 있는 사이 마디마디가 아프므로, 몸은 무의식으로 움직이고 이 때에 등골이 정돈되어서 자율신경이 활동하기 쉬운 몸으로 변화해 간다.

2. 숙면 목욕(기분좋은 것이 약이다)

평소 무심코 들어가 있는 목욕탕도 조금만 지혜를 모으면 편안하게 쉴 수 있는 공간이 된다.

당연히 음주 후의 입욕은 피해야 한다. 심부전이나 뇌출혈을 초래할 수 있으므로 주의한다. 오히려 숙취의 치료로는 입욕쪽을 권장한다. 식사 직후의 목욕도 좋지 않다. 위로 모여져 있던 혈액이 몸의 표면으로 분산되어 소화불량을 일으킨다. 최악의 경우는 뇌의 혈액도 결핍되어 뇌경색을 일으킨 예가 있다.

혈압이 높은 사람은 급하게 온도가 높은 탕으로 들어가는 것은 피해야 한다. 오히려 40도보다 낮은 탕으로 서서히 들어가야 한다. 흥분된 신경을 억제하고, 혈압도 내려간다.

혈압이 낮은 사람은 온냉욕이 더할 나위없이 좋다. 우선, 보통의 탕으로 천천히 들어간다. 이 때, 머리의 위에 양손을 겹쳐 놓는다. 이렇게 하면 발한이 쉽게 되어 목욕탕에서 피로가 적게 되어 빠르게 따뜻해진다. 충분히 따뜻해지면 샤워로 옮긴다. 비교적 건강한 사람은 차가운 물로 샤워한다. 그다지 건강하지 않은 사람은 따뜻한 물로 샤워한다. 목덜미도 정확히 담근다. 마지막은 샤워로 마친다. 호흡이 깊게 되고 몸의 심부로부터 따뜻해져 서서히 졸립게 된다.

혈압이 정상인 사람은 마음대로 해도 좋다. 기분 좋은 것이 약이다.

3. 밤 중의 소변
(vibrator로 치료한다)

밤 중에 3~4회 정도 소변으로 일어나는 사람은 분주해서 푹 잠들지 못한다. 원기가 적은 사람은 위장의 활동이 마칠 때까지 소변을 제조하는 신장의 활동에는 스위치가 들어가지 않는다. 소화흡수의 활동이 빠르게 완료되면 그만큼 소변도 빠르게 만들어져 취침 중에 보게 되는 것으로 계산된다.

또한, 낮부터 신장을 단련시키는 것이 중요한데, 신장의 단련법으로는 소량의 소변을 마신다고 하는 쇼킹한 요법이 있으나, 일반적으로는 바람직한 방법은 아니다.

누구라도 할 수 있고, 또한 기대해도 좋은 방법으로 발을 올린 전기진동 마사지 요법이 있다.

방법은 간단해서 그림과 같이 발을 올려서 벽에 기대고 그 위에 전기진동 마사지기를 놓고 떨리게 한다. 그저 몇 분으로 하지의 혈류가 격증하고 뇨의 생성이 시작된다.

"전기진동 마사지 요법"
저녁식사 후나 2시간 후에
불과 몇 분에서 오줌이 생성
이 시작된다.

이 방법은 밤 중의 소변뿐만 아니라 천식 및 신경통, 고혈압, 알레르기성 비염, 발의 부종 등에도 긍정적인 영향을 미친다. 이런 증상은 소변을 보는 것이 나쁘고, 몸 속이 침수해서 저절로 일어나는 것이다. 발을 사용하지 않는 현대인들에게 필수적인 건강법이라 할 수 있다.

4. 동틀녘의 협심증
(우선, 틈새바람을 막는다)

협심증이 계단을 올라갈 때 및 격하게 흥분했을 때 일어난다는 것은 잘 알려져 있는 사실이다. 통증이 가슴 속에서 시작해서 왼쪽 어깨 및 팔쪽으로 방산하고 흉부의 압박감이 강해 때로는 죽음의 공포를 동반하기도 한다. 발작의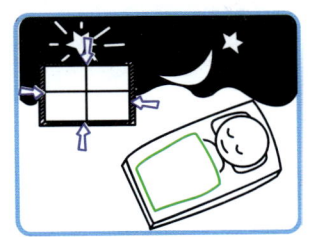

지속시간은 수 분이내인데, 이런 발작은 심신이 격하게 활동하고 있을 때만이 아니고 조용히 잠을 자고 있을 때도 일어난다. 가장 기온이 내려가는 새벽전, 아침 4시부터 6시경이 위험한 시간대다.

자율신경계에 혼란이 생기는 REM수면 시가 위험하다고 하는 연구보고도 있다.

잠들어 버리면 발작을 막는 방법이 없으므로, 일어나 있는 동안에 발작을 예방하지 않으면 안된다.

우선, 잠자리가 춥지 않도록 예방한다. 틈새바람은 협심증만이 아니고 잠을 잘 자지 못해서 목·어깨 등이 결리며 아프거나 신경통의 원인이 된다.

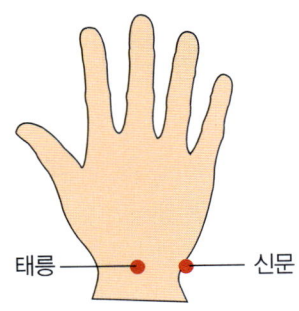

태릉 ───── ───── 신문

이틀에 1회 경혈에 뜸을 뜬다.

다음으로 뜸을 뜬다. 뜨겁거나 흔적이 남는다 등으로 현대인에게 평판이 좋지 않은 뜸도 심장이 멈쳐 버리는 것보다는 더 낫다. 그림 위치와 같이 손목 관절 두 점의 경혈에 뜸을 뜬다. 2일에 1회 정도로 한다. 또한 컨디션이 좋을 때는 손발을 올려 전기 진동 안마기로 심장순환계을 단련시킨다. 처음은 20초 이내로 한다. 신중하게 상태를 보면서 시간을 늘리고, 심장이 약한 사람은 최대한 손을 1분, 발을 1분에서 그만둔다. 매일 조금씩 자주 하게 되면 심장은 꽤 튼튼하게 된다. 단, 가슴이 답답함을 느끼면 즉시 중지한다.

5. 깊은 밤의 천식
(허리띠 한 개로 막는다)

잘 알려져 있는 것처럼 천식의 발작은 깊은 밤에 일어난다. 천식의 발작은 의사의 주사로 깔끔하게 멈추나 깊은 밤, 이른 아침에는 병원이 열리지 않으므로 고통스러움을 느낄 것이다.

대책은 간단하다. 배꼽 아래의 하복부를 허리띠로 꼭 묶고 그대로 잠들게 한다. 배꼽보다도 아래에 있는 것이 간심(肝心)으로, 그 곳에 가능한 한 기를 모은다. 허리띠가 배꼽보다도 위로 스쳐가면 역효과로 된다.

천식은 호흡의 운동이 배꼽의 아래에서만 이루어진다. 이 하복부로 편중된 호흡운동으로 위와 기관지 등 상복부에 있는 장기의 기혈이 부족하여 조직의 생활력이 감퇴해서 천식의 발작이 일어난다.

배꼽보다 아래에
있는 것이 간심
(肝心)이다.

밤이 되면 자율신경은 휴식과 피로회복을 관장하는 부교감신경이 더 활발해진다. 이때, 호흡운동은 하복부가 주체로 되며 천식이 있는 사람은 생명 본래의 호흡운동의 버릇이 강조되어지는 것으로 천식의 발작이 일어난다.

서양의학은 천식의 발작이 부교감신경의 이상긴장으로 일어난다고 가르치고 있으나 치료방법은 가르치지 않는다. 하복부를 허리띠로 꽉 묶고, 호흡의 운동을 조작해서 발작을 예방하는 이 비책은 동양의학의 응용이다. 당신도 호흡과 자율신경의 밀접한 관계를 잘 이용해서 깊은 밤 천식 발작을 예방하도록 한다.

6. 노년의 불면
(운동과 천진함으로 숙면한다)

노년기의 불청객으로 잘 알려져 있는 불면은 신체적, 정신적으로 무척 고통을 초래한다. 이 시기의 불면은 정년 후의 고독과 자식이 자립해서 일이 없게 된 공허감, 젊은 세대와의 불화, 경제적으로 걱정 등이 원인이  라고 생각된다. 또한, 죽음의 예감 및 생명력 감퇴의 실감으로 오는 잠재적인 공포도 마음의 바탕에 깔려 있을지 모른다.

노년에게 적합한 체조교실에 참가하고 있는 사람들은 한결같이 '레슨한 날은 잘 잠을 잔다' 라고 말한다. 현대에서 살아가는 우리들은 만성적으로 몸을 움직이는 것이 부족하다. 인간도 동물로서 몸을 움직이지 않은 채 식사를 하게 된다고 하는 상태는 부자연스러운 것이다.

범어의 단어에는 '一日不作, 一日不食' 라고 말한다. 즉, '하루 일을 하지 않았다면 하루 먹지 않는다' 라고 가르치고 있다. 옛날에 이 말을 남긴 선승은 필시 숙면했을 것이다.

함께 몸을 정교하게 혹은 여유있게 움직이고 있을 때는 고독감 및 공허감, 공포심 등의 마음은 나타나지 않는다. 이것을 무심(無心)이라고 말한다. 즉, 낮의 무심이 밤의 숙면을 가져온다.

7. 갱년기의 불면
(변신이 두렵다)

50세를 전후로 어김없이 찾아오는 여성의 갱년기가 되면 자율신경이 불안정하게 되고 불면도 동시에 찾아오게 된다.

이 시기가 되면 몸은 피로하기 쉽고 두통, 견비통, 불면, 두근거림, 헐떡임, 냉기의 증세가 나타난다. 새로운 길을 발견한 사람은 좋을 것이나, 그렇지 않은 사람은 우울적인 증상도 나타난다. 이것이 갱년기 우울병이다.

갱년기의 연대는 어린이들이 독립하고 부모의 곁을 떠나서 결혼생활을 시작한다. 이제 모친이 나설 차례는 없다. 힘껏 아이에게 매달려도 결국 조연이다. 현모양처만이 여성은 아니다. 불교에서는 어머니의 배는 10개월간 잠시 빌렸을 뿐이고, 고독의 생을 주장한다. 당신도 갱년기의 부조화를 새로운 노년기 생활로 향해서 힘차게 변신하고, 항상 긍정적이고 적극적인 삶을 유지하는 마음가짐을 가지기 바란다.

새로운 인생을 향해서 변신하자!

여성은 갱년기가 되면 자율신정이 불안정하게 되고 불면으로 되기 쉽다.

8. 불면공포증
(숙면을 알고 있습니까?)

이불로 들어가 깊은 잠으로 빠진 듯 싶으면 벌써 아침이다.

"시계가 1시를 가리킨 것도 알고 있고, 3시도 5시도 기억하고 있다. 어젯밤은 한잠도 잘 수 없었다"라고 호소하는 불면증의 사람은 끊어졌다 이어졌다 하면서 숙면을 하고 있다. 기억하고 있는 것은 어렴풋이 깨어 있을 때뿐이고 잠자고 있을 때는 아무 것도 알지 못한다.

즉, 불면증의 사람도 조금은 어렴풋이 잠을 자고 있다. 일의 실수가 증가한다든지, 흐리멍텅한 채로 가사 및 일을 하지 않으면 안되는 불쾌감을 물리쳐 버리면 대장부다. 불면은 그 자체보다도 불면을 걱정하고 무서워하는 마음을 해결하는 것이다. 좌선 및 기도 등으로, 자신의 공포심 및 불쾌감 등의 감정으로부터 모른 채 하는 트레이닝을 한다. 이런 명상을 하는 것이 귀찮은 사람은 조깅 및 수영으로 몸을 녹초가 되도록 한다. 불면공포증까지 포함하여 당신의 전부가 깊이 잠들어 버릴 것이다.

9. 산소 부족
(다 내뱉도록 한다)

좁은 방이 답답해 어디든지 먼 곳으로 길을 떠나게 된다. 작은 일에 맥이 빠진다든지, 초조해 한다든지 기분이 안정되지 않는다. 눈을 뜨고 있더라도 멍하게 있으며, 잠자고 있더라도 잠이 얕고 밤중에 잠에서 자주 깨어난다. 이런 사람은 아무것도 하지 않더라도 호흡이 부족하게 된다. 이것은 산소 부족의 원인이다. 잠이 얕은 사람은 호흡도 얕다.

사람은 헐떡거리며 비관하고, 탄식하며 실망하고, 조급하게 서두르는 속에서 헐레벌떡이며, 목으로 숨을 쉰다. 얕고 약한 호흡으로 지루하고 깊고 강한 호흡으로 눈이 빛난다. 이렇게 말하는 호흡의 변화는 의지 및 이성으로 컨트롤하는 것이 불가능하다. 올바른 호흡법을 몸에 익히지 않으면 안된다.

호흡은 들이마시는 숨에는 신경을 쓸 필요는 전혀 없다. 내쉬는 숨에만 신경을 쓴다. 배의 바닥으로부터 전부 숨을 내뱉도록 한다. 공기는 공짜다. 조급하게 아둥바둥 빨아들이지 않아도 정확히 들어오게 된다. 숨은 내뱉는다. 이것이 몸에 익숙하게 되면 몸은 대량의 산소로 느긋해진다. 불면은 물론 건강의 증진, 성인병 등도 깨끗이 해결된다. 그래서, 산뜻하고 상쾌한 호흡법을 통해 풍요로운 삶을 영위할 수 있도록 한다. 올바른 호흡은 장수의 제1조건이다.

숨을 내쉰다.

10. 얕은 잠의 권장
(영웅은 얕은 잠을 좋아한다)

잘 알려져 있는 나폴레옹은 하루 3시간밖에 잠들지 않았다고 한다. 그러나, 그는 얕은 잠의 명인이었다. 말(馬) 위에서도 어디에서도 틈만 있으면 그저 수분의 얕은 잠으로 원기를 원상태로 되돌렸다. 아주 바쁜 탤런트 등도 짬을 내어서 얕은 잠을 잔다.

얕은 잠으로부터 깬 후는 호흡이 깊고 크게 되어 정신이 든다. 대량으로 들이마시는 산소가 피로를 회복시키는 것이다. 얕은 잠을 자서 피로가 쌓이지 않도록 하게 되면 밤은 장시간 자지 않아도 만족하게 된다고 하는 의미다.

침구의학에서는 기혈이 손발 및 머리에서 후퇴하여 몸의 가장 깊은 곳, 간장 및 신장 등의 오장으로 가라앉으면 잠들게 된다고 생각한다. 몸의 표면에서 오장과 관련이 깊은 부분은 손발의 색이 하얀 부분이다. 발은 안쪽 허벅지로부터 엄지발가락으로 이어지는 부분, 손은 새끼손가락으로 연결되는 것이다. 여기에 침구를 하고 있으면 오장이 여유있게 되어져 얕은 잠이 득의양양하게 된다. 손은 신문(神門), 태릉(太陵)이다. 발에서는 삼음교(三陰交) 등이 바로 경혈이다. 몸의 움직임으로는 '발은 엄지발가락, 손은 새끼손가락'에 기를 넣어서 움직이도록 한다.

이것으로 얕은 잠의 명인이 되나, 그래도 밤의 최저 수면 시간은 5시간이 한도다. 이 이상으로 줄이면 일의 능률이 떨어지게 된다.

11. 측만 소녀(노화다)

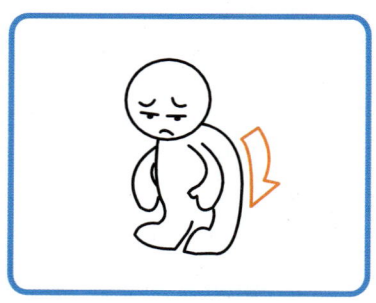

사람의 척추는 크든 적든 전후로 굽혀지며 좌우로 측만해 있다. 나이가 들면서 수명의 힘이 쇠퇴하면 만곡이 심하게 되어 고양이등으로 되는 현상이 두드러지게 된다. 고양이등은 노인이 모두 싫어한다. 몸을 움직이는 것이 적고, 내장도 허약한 현대의 어린이들은 이미 초등학생 때부터 고양이등으로 측만을 지연시키며 살아가고 있다. 측만도 고양이등도 단지 외견상의 문제만이 아니라 내장의 기능에 불균형이 일어나는 것으로 예상한 대로 정확히 치료하지 않으면 안된다. 치료의 3가지 기둥은 운동과 식사와 이부자리의 개선이다.

되도록 많이 운동을 한다. 일반적인 운동 이외에 측만증의 치료체조를 하도록 한다. 오른손과 왼쪽 무릎을 바닥에 붙이고, 그 이외는 허공으로 띄운다. 1분 정도에서 손과 발을 반대로 해서 다시 1분간 매일 하도록 한다. 할 수 없는 쪽을 중점적으로 트레이닝한다.

식사는 동물성 단백질과 설탕은 약간 줄인다. 이런 식품은 몸이 어떤 노력도 하지 않고 영양을 섭취할 수 있다. 언뜻 보기에 적당하다고 보여지나, 이것으로는 내장이 단련되지 않는다. 허약한 내장에 동반해서 척추의 측만이 일어난다.

이부자리도 마찬가지로 척추의 측만을 내버려두는 부드러운 이부자리는 피해야 한다. 단단한 매트에서 자도록 한다. 단단한 매트는 마디마디가 아프다고 해서, 부드러운 이부자리에서 잠을 자고 있으면 등골의 격차가 굳어버리게 된다. 그렇게 되면 이제 치료가 불가능한 상태로 되어버린다.

12. 병은 기(氣)로부터, 불면(不眠)으로부터
(단단한 매트로 깊은 호흡의 이야기)

'병은 기(氣)로부터'란 말이 있으나, 실제로 생활 속에서 구체적으로 활용하고 있다고는 말할 수 없다.

기(氣)란 '공기의 기(氣)'에 있는 것으로, 병은 공기의 부족, 즉 산소부족과 그것에 의한 정신의 불안정으로 시작된다고 이해한 쪽이 인생의 실전력(實戰力)으로 된다. 기분이 기쁨에 넘쳐 있을 때는 저도 모르는 사이에 크고 깊게 호흡을 하게 된다. 이런 때에는 충분한 산소가 몸 속으로 널리 퍼지게 된다. 충분한 산소 속에서는 병은 저절로 소멸해 간다. 그리고, 중요한 것은 산소가 부족한 몸에서는 깊은 잠이 불가능한 것이다.

잠을 잘 자는 사람은 어떤 병이라도 확실히 치료한다. 역으로 밤에 잠이 얕은 사람은 지금은 건강해도 수 주간 혹은 수 개월의 후에 병이 눈에 보이는 형태로서 성장해 간다.

몸이 둥글게 움츠림, 적은 호흡으로 잠자고 있는 사람은 위태롭다. 굽어진 등골은 다정하게 받아들이는 부드러운 이불은 감촉이 부드러울수록 주의를 요한다.

깊은 호흡으로 몸 속에

얕은 호흡으로 몸 속에 산소 부족으로 잠을 잘 자지 못한다.

13. 내관의 법
(밝은 내일을 위해서)

강호시대의 선승(禪僧) 백은(白隱)에 의해 '노이로제 및 자율신경실조증을 치료하는 내관(內觀)의 법'이라고 하는 관법이 전해져 온다. 말하자면, 잠든 채 실시하는 좌선이다.

하루 일과를 마치고 이부자리로 들어가서 막 잠에 빠지려고 할 때, 그대로 담백하게 잠에 빠져버리는 것은 아니다. 이 반수면 시에 다음과 같은 이미지를 그리고, 원기를 기르는 것이다.

'이 기해단전(氣海丹田), 다리와 족심(足心; 발바닥의 장심)은 모두 본래의 나이다. 이 기(氣)를 근원으로 해서 나는 원기로 된다' '이 기해단전, 다리와 족심(足心; 발바닥의 장심)은 모두 나의 마음이다. 이 마음은 항상 따뜻하고 상쾌하다' '이 기해단전, 다리와 족심(足心; 발바닥의 장심)은 모두 몸 속의 정토(淨土)다. 이 정토 이외에 중요한 것은 아무 것도 없다'.

꾸벅꾸벅하는 중에서 몇 회 정도 이렇게 망상을 한다. 조금 더 번질거리고 있는 당신은 다음과 같이 망상해도 좋다.

'이 기해단전, 다리와 족심(足心; 발바닥의 장심)은 돈과 인생의 중심이다.'

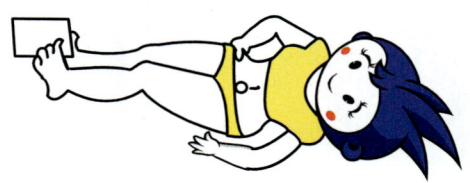

엽서를 끼우는 정도로 발을 모은다.

이와 같이 망상해서 23주간 망상의 공덕이 쌓여져 오면 기해단전, 다리와 족심(足心; 발바닥의 장심)에 원기가 넘쳐 노이로제 및 스트레스도 쫓아 버리게 된다.

그림과 같이 기해단전이란 하복부에 있는 경혈이다. 족심이란 발바닥의 장심인 것이다. 양다리를 펴서 드러눕고 엽서를 끼울 수 있을 정도로 양쪽의 발끝을 합치고 있으면 대퇴의 내측으로부터 족심(足心; 발바닥의 장심), 기해단전이 따뜻하게 되어지는 것을 알 수 있게 된다.

알아두면 유익한 상식 Best 20

❶ 운동부족, 멋만을 위한 의류, 과도한 냉·난방은 불면증과 냉증의 원인이 된다.

❷ 필요 이상의 칼로리 섭취는 비만과 냉증의 원인이 된다.

❸ 인간의 이기주의가 만들어낸 공기오염, 오존층의 파괴, 수질의 오염, 산업폐기물, 자연의 파괴 등이 불면증과 면연력과 저항력을 떨어뜨리는 원인이 된다.

❹ 불면증은 만병의 근원이 되며 자기치유력과 저항력을 떨어뜨리며 스트레스의 원인이 된다.

❺ 건강한 체력과 건전한 사고를 위해서는 올바른 수면방법을 터득해야한다.

❻ 아름다운 체형을 유지하고 행복한 삶을 위해서는 숙면하는 방법을 촉진시켜 냉증, 불면증, 피로를 해소할 수 있다.

❼ 숙면에는 따뜻한 물에 발을 넣고 20~30분 족탕을 즐겨라. 그러면 혈액순환을 촉진시켜 냉증, 불면증, 피로를 해소할 수 있다.

❽ 불면증과 식욕과는 밀접한 관계가 있다. 불면증에 시달리면 정신력 피로뿐만 아니라 인체의 소화흡수력이 떨어져 식욕이 없다.

❾ 신경질적이고 짜증을 잘 내는 사람이 불면에 시달릴 확률이 높다. 자아 스트레스로 인해 내장의 여러 기관의 활동이 약해지는 것 뿐만 아니라 혈액순환이 나빠지기 때문이다.

❿ 일반적으로 불면증에 시달리는 사람은 활동력이 저하되며 스트레스가 많아지고 정력이 감퇴된다.

⓫ 적절한 족탕은 세포의 대사기능이 높아지고 체내의 활동이 왕성해져 숙면에 큰 도움이 된다.

⓬ 불면에 의해서는 요통과 변비통, 눈의 피로, 냉증이 생길 수 있다.

⑬ 몸이 차가우면 혈관이 수축되고 노폐물이 혈관벽에 달라붙는다. 좌욕과 족탕욕은 혈액순환을 촉진시키고 노폐물을 자연스럽게 제거시켜 숙면에 도움이 된다.

⑭ 불면증에는 발바닥의 용천점과 실면(失眠)점을 문지르거나 눌러 주면 큰 효과를 볼 수 있다.

⑮ 빈뇨증은 불면의 원인이므로 온냉욕과 반신욕으로 빈뇨증을 치료해야 한다. 빈뇨증을 치료하지 않으면 불면증뿐만 아니라 냉증과 냉대하의 원인도 된다.

⑯ 위하수는 불쾌감과 불면의 원인이 된다. 위하수에는 족탕법과 아킬레스건 신전법, 복부경찰법(시계방향), 유연성 운동이 효과적이다.

⑰ 변비로 불면의 원인이 될 수 있다. 변비는 때로는 비만의 원인이 되기도 하며 스트레스를 동반한다. 변비에는 규칙적인 생활과, 식물성 식품을 섭취하고, 수분을 적절히 섭취하며, 동물성 식품을 피해야 한다.
또한 이와는 별도로 족삼리와 지음점, 음백점, 여태점을 적절히 마사지 해 주면 큰 효과를 볼 수 있다.

⑱ 불면증, 심장병, 고혈압, 뇌질환, 당뇨병, 알레르기, 피부질환이 있는 사람은 족탕을 할 경우 38~39℃의 미온탕부터 실시한다.

⑲ 복식호흡의 습관은 숙면뿐만 아니라 신진대사, 맥박의 안정, 기력증진, 심신의 안정, 자율신경기능을 촉진, 혈액순환을 촉진시킨다.

⑳ 발바닥 경혈과 신체의 관계(P183 참조)

복 식 호 흡

1. 복식 호흡의 방법은 왼손을 아랫배에 놓고 숨을 들여 마신다.

2. 오른손을 들면서 8부 정도 들여 마시고 2부는 남긴 채 호흡을 중지한다.

3. 다음은 내쉰다는 자기암시 아래 8부 내쉰 다음 2부를 남긴다.

발바닥 경혈과 신체의 관계

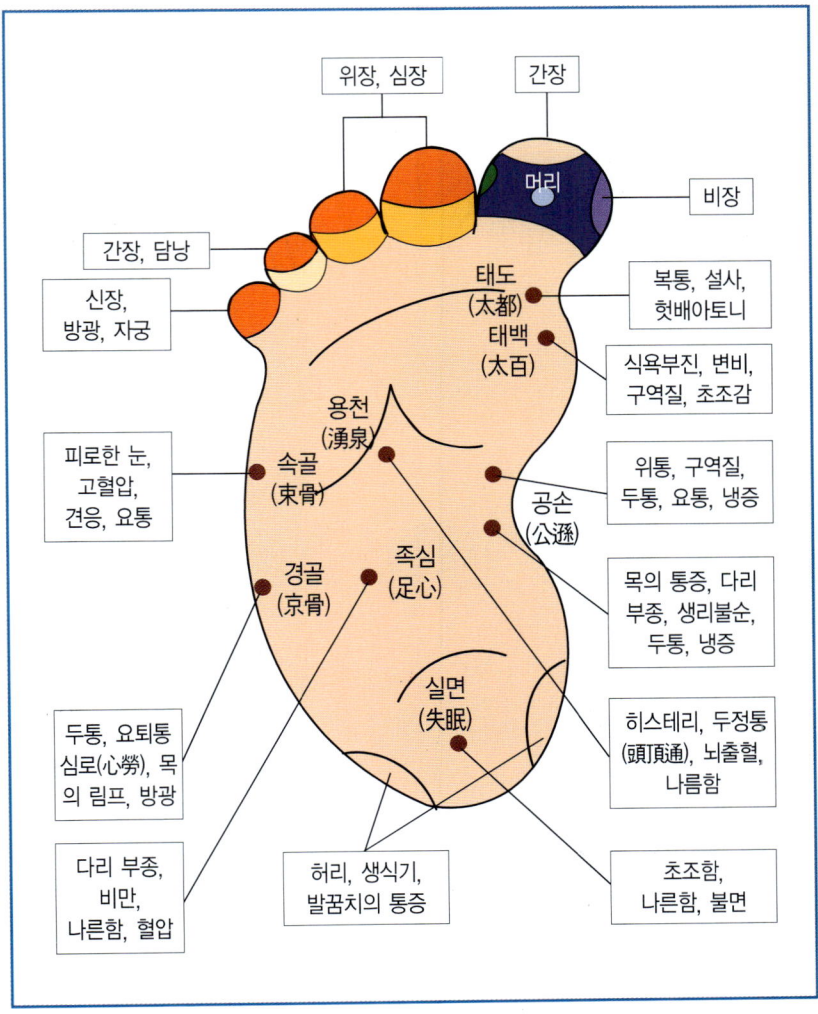

위장, 심장

간장

머리

비장

간장, 담낭

신장,
방광, 자궁

태도
(太都)

복통, 설사,
헛배아토니

태백
(太百)

식욕부진, 변비,
구역질, 초조감

용천
(湧泉)

피로한 눈,
고혈압,
견응, 요통

속골
(束骨)

위통, 구역질,
두통, 요통, 냉증

공손
(公孫)

목의 통증, 다리
부종, 생리불순,
두통, 냉증

경골
(京骨)

족심
(足心)

실면
(失眠)

히스테리, 두정통
(頭頂通), 뇌출혈,
나름함

두통, 요퇴통
심로(心勞), 목
의 림프, 방광

다리 부종,
비만,
나른함, 혈압

허리, 생식기,
발꿈치의 통증

초조함,
나른함, 불면

일상생활에서 꼭 필요한 손 건강관리 상식1 (•은 마사지점)

부인병, 냉증, 자궁염증,
월경불순, 월경통

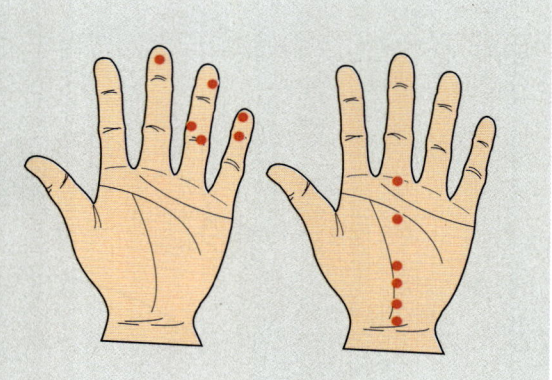

기관지염, 인후염, 폐기능
감퇴, 가래, 기침, 천식

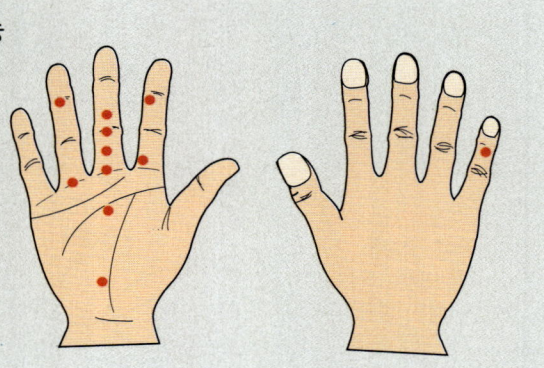

복통, 발열, 오한

소화불량, 만성위장병

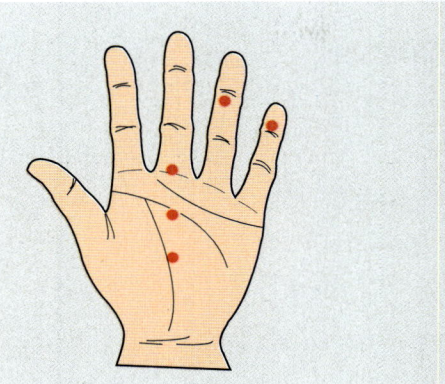

호흡곤란

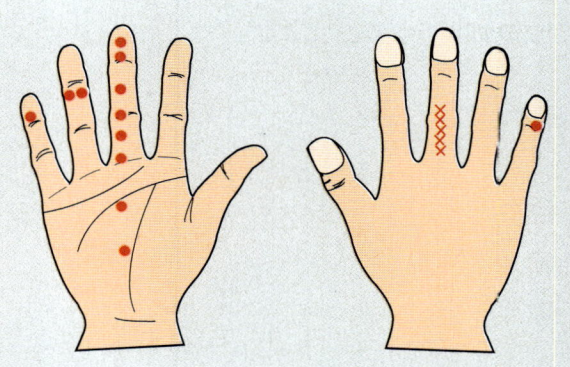

일사병, 열사병, 열피로

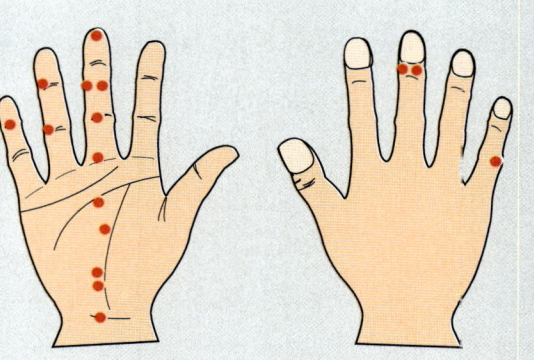

일상생활에서 꼭 필요한 손 건강관리 상식2 (•은 마사지점)

동상

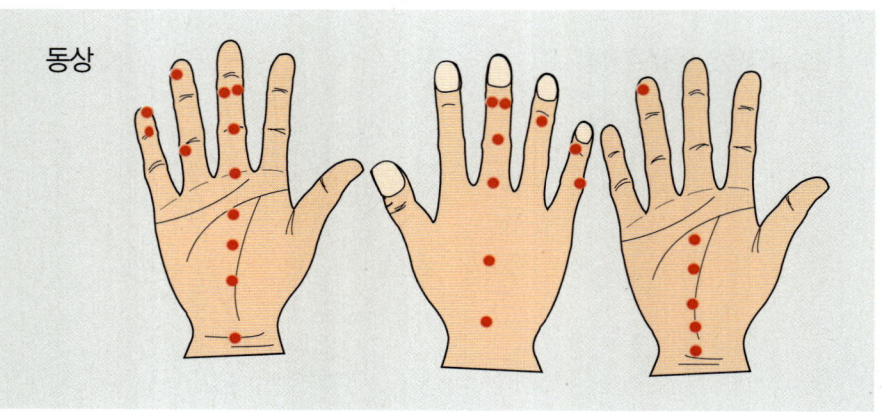

피로회복, 원기증강

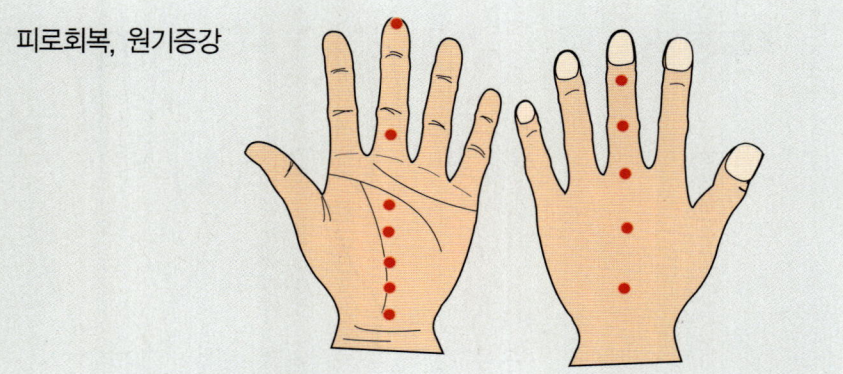

간기능 강화

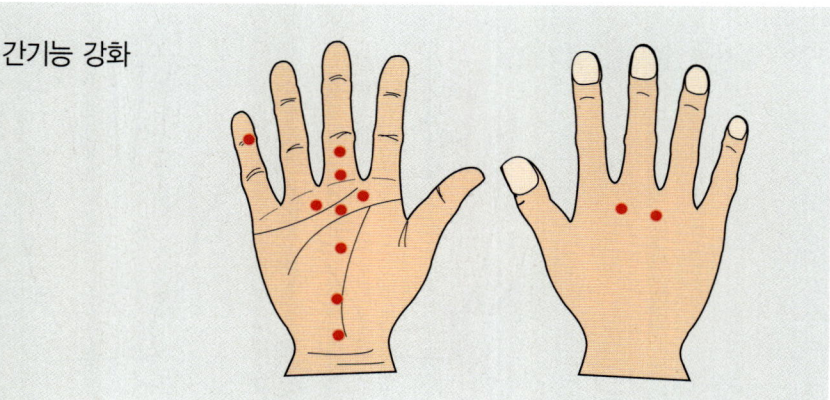

알콜중독

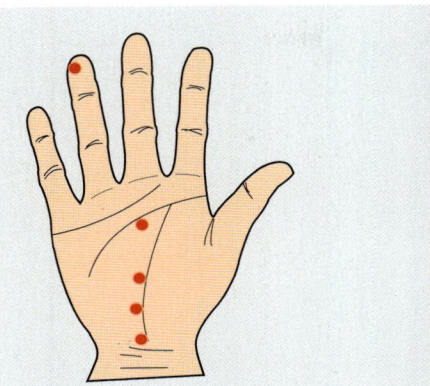

스트레스 해소

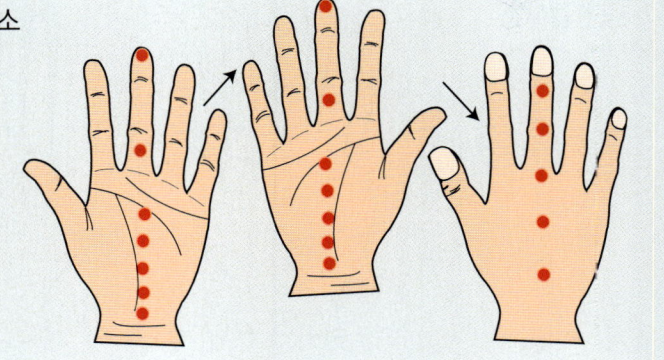

심장의 강화

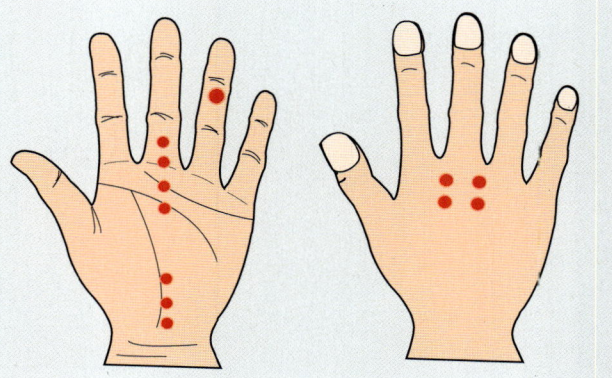

일상생활에서 꼭 필요한 손 건강관리 상식3 (•은 마사지점)

중풍예방

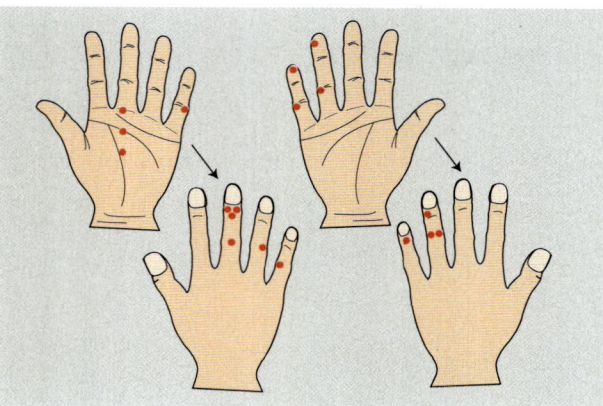

자궁 출혈

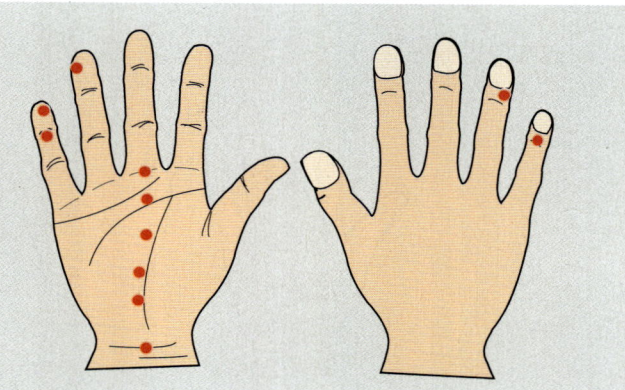

변비, 설사, 장통증

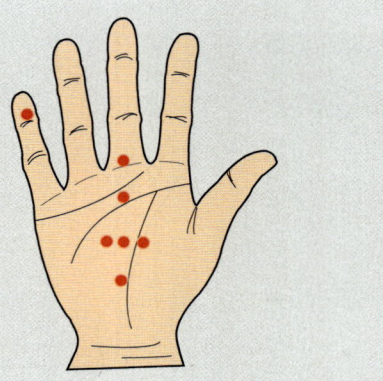

차멀미, 배멀미, 비행기멀미

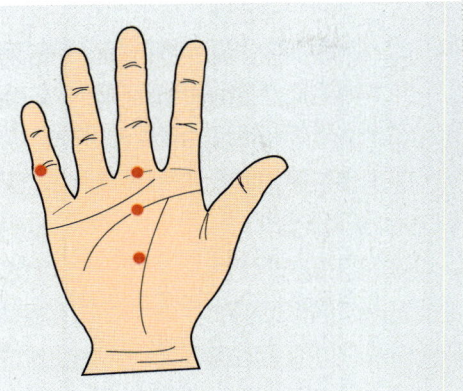

소변 출혈

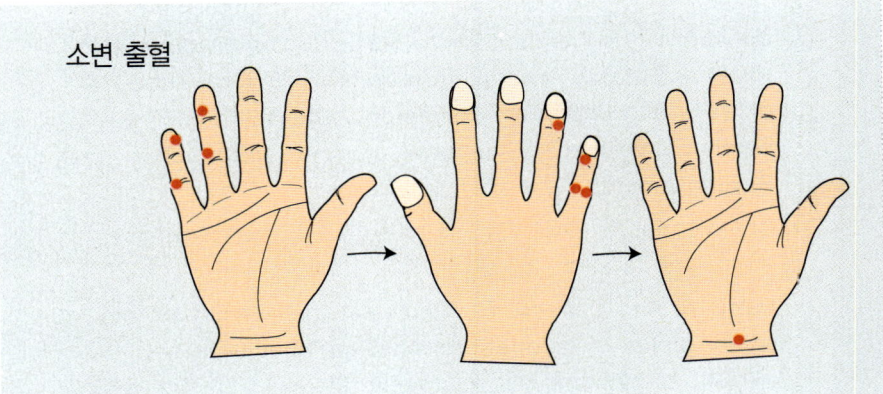

피부에서의 잦은 출혈

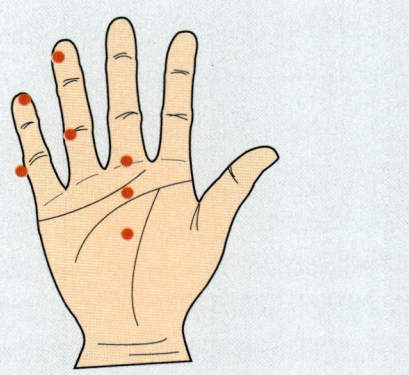

- 신범철, 육조영(1998). Sports Massage, Exercise, Hot Pack 이 피로회복에 미치는 효과, 한국스포츠리서치, 9권 3호.
- 육조영(1992). 스포츠 마사지와 치료방법론. 도서출판 홍경.
- 육조영(1996). 스포츠 맛사지론. 도서출판 홍경.
- 육조영, 이배익(1997). 발육발달. 도서출판 홍경.
- 육조영(1998). 스포츠 마사지론. 도서출판 홍경.
- 육조영(1999). 피부관리를 위한 피부마사지 요법. 한국스포츠산업개발원 출판부.
- 육조영 외(1999). 스포츠 마사지와 운동요법. 도서출판 홍경.
- 육조영(2000). 스포츠 마사지학. 도서출판 홍경.
- 육조영, 이종영, 박영수(2001). 스포츠 마사지총론. 도서출판 홍경.
- 육조영(2000). 최대하 운동후 스포츠 마사지가 혈액세포와 면역기능에 미치는 영향. 한국체육대학교 대학원 박사학위 논문.
- Antoni, M. H., Goodkin, K., Goldstein, V., Laperriere, A., Ironson, G., & Fletcher, M. A.(1991). Coping responses to HIV-I sorostatus notification predict short-term affective distress and one year immunologic status in HIV-I seronegative and seronegative gay men [Abstract]. Psychosomatic.
- Bentivegna, A., Diet, fitness and athletic performance, Phys. Sports Med., 7, 99, 1979.
- Early, R. and Carlson, B., Water soluble vitamin therapy on the delay of fatigue from physical activity in hot climatic conditions, Int. A. Angew. Physiol., 27, 43, 1969.
- Grandjean, F., Hursh, L. M., Majure, W.C., and Hanley, D.F., Nutrition knowledge and practices of college athletes, Med. Sci, Sports Exercise, 13, 82, 1981.
- Howorth, B, & Bender, F. Tennis elbow, Chelsea House new York, Lindon, 1977.
- Hunt, S. M. and Groff, J. L., advanced Nutrition and Human Metabolism, West, St, Paul, MN, 1990.
- Hurme, M., & Alaranta, H. Factors predicting the result of surgery for lumbar intervertebral disc herniation. Spine 12:933-938, 1987.

- Ikai, M., & T. Fukunaga. Calculation of muscle strength perunit cross-ssetional measurement. Int. Z. Angew. Physiol. 26, 26-32, 1968.

- James, T,S. et al., Injuries associated with fractures of the transverse processes of the thoracic and lumbar vertebrae. J. Trauma 24 : 597-599, 1984.

- King, A.G., & Blundell-Jones, G. A surgical procedure for the Osgood-Schlatter lesion. Amer. J. Sports Med., 9, 250-253, 1981.

- Lipscomb, A.B. et al., Treatment of myositis ossificans traumatica in athletes. Am. J. Sports Med. 4 : 111-120, 1976.

- Machlin, L. J., Ed., Handbook of Vitamins, 2nd ed., marcel Decker, New York, 1991.

- McCarron, R.F., Wimpee, M.W., Hudkins, P.G., & Laros, G.S. The inflammatory effect of nucleus : pulposus : a possible element in the pathogenesis of low back pain. Spine 12 : 760-764, 1987.

- Morgan, C.D., Wojys, E.M., Casscells, C.D., & Cassells. S.W. Arthroscopic meniscus repair evaluated by second look arthroscopy. th congress of the international society of the knee. Rome, 1989.

- Nijakowski, F., Assays of some vitmins of the B complex group in human blood in relation to muscular effort, Atca Physiol. Pol., 17, 397, 1966.

- Parr, R.B., Porter, M.A., and Hodgson, S.C., Nutrition knowledge and practices of coaches, trainers, and athletes, Phys. Sports Med., 12, 126, 1984.

- Percy, E., Ergogenic aids in athletics, Med. Sci. Sports, 10, 298, 1978.

- Stensland, S. H. and Sobal, J., Dietary practices of ballet, jazz and modem dancers, J. Am. Diet, Assoc., 92, 39, 1992.

- United States Senate, Proper and improper use of drugs by athletes, June 18, and July 1 2-3, 1973. U.S. Govemment Printing Office, Washington, D.C., 1973.

손 · 발 그리고 즐거운 수면

1판 1쇄 발행 · 2003년 5월 10일
1판 2쇄 발행 · 2005년 1월 5일

글 · 육조영
발행인 · 이금재
발행처 · 오성출판사

주소 · 서울시 영등포구 영등포 6가 147-7
전화 · (02)2635-5667~8, 2635-6247~9
팩스 · (02)835-5550
출판등록 · 1973년 3월 2일 제 13-27호
http://www.osungbooks.com
ISBN · 89-7336-450-2

값 9,500원